湖南城市学院"双一流"学科文库

冀南邯邢

铁矿区矿床地质地球化学特征、矿床成因及找矿预测研究

Geological and Geochemical Characteristics, Genesis and Prospecting Prediction of
the Hanxing Iron Deposit, Southern Hebei Province

◎ 息朝庄 杨涛 杜高峰 著

中南大学出版社
www.csupress.com.cn
·长沙·

图书在版编目(CIP)数据

冀南邯邢铁矿区矿床地质地球化学特征、矿床成因及
找矿预测研究 / 息朝庄，杨涛，杜高峰著. —长沙：中南
大学出版社，2022.10

　　ISBN 978-7-5487-4880-9

　　Ⅰ. ①冀… Ⅱ. ①息… ②杨… ③杜… Ⅲ. ①铁矿床—
地质地球化学—研究—河北②铁矿床—研究—河北③铁矿床
—找矿—预测—研究—河北 Ⅳ. ①P618.31

中国版本图书馆 CIP 数据核字(2022)第 067587 号

冀南邯邢铁矿区矿床地质地球化学特征、矿床成因及找矿预测研究
JINAN HANXING TIEKUANGQU KUANGCHUANG DIZHI DIQIU HUAXUE TEZHENG、
KUANGCHUANG CHENGYIN JI ZHAOKUANG YUCE YANJIU

息朝庄　杨　涛　杜高峰　著

□出 版 人	吴湘华	
□责任编辑	伍华进	
□责任印制	唐　曦	
□出版发行	中南大学出版社	
	社址：长沙市麓山南路	邮编：410083
	发行科电话：0731-88876770	传真：0731-88710482
□印　　装	长沙市宏发印刷有限公司	

□开　　本	710 mm×1000 mm 1/16	□印张 13.5	□字数 272 千字
□互联网+图书	二维码内容　图片 52 张		
□版　　次	2022 年 10 月第 1 版	□印次 2022 年 10 月第 1 次印刷	
□书　　号	ISBN 978-7-5487-4880-9		
□定　　价	78.00 元		

作者简介

/

About the Author

息朝庄　男,1979年11月出生,河北阜城人。现任湖南城市学院土木工程学院讲师、高级工程师。主要从事矿床地质和安全工程专业科研和教学工作。1999—2003年在河北理工学院资源勘查工程专业学习;2003—2006年在中南大学矿产普查与勘探专业攻读硕士学位;2006—2009年在中南大学矿产普查与勘探专业攻读博士学位;2009—2016年在湖南黄金集团有限责任公司工作;2016—2018年在贵州省有色金属和核工业地质勘查局核资源地质调查院任副院长;2018年至今在湖南城市学院任教,其中2012—2014年在中国科学院地球化学研究所从事地质学博士后研究工作。先后承担省部级项目和横向课题10多项;公开发表学术论文50余篇,获得国家发明专利1项;获得中国黄金协会科学技术奖一等奖、二等奖、三等奖各1次;获2016年度贵州省高层次创新型人才"千层次"人才称号。

杨　涛　男,1968年8月生,贵州贵阳人,博士,博士后,副教授,高级工程师,高级经济师,现任职于贵州理工学院(贵州省智慧旅游产业发展研究院),主要从事地学旅游、矿产勘查教学与科研。2007年博士毕业于中南大学(地质资源与地质工程专业),2011年中国科学院地球化学所(矿床地球化学国家重点实验室)博士后出站。先后主持、参与完成国家级、省部级项目10余项、承担地方政府和企业委托的横向课题20余项,发表论文20余篇,主编、参编学术著作4部,获省级科技进步三等奖1项。

杜高峰 男，1976 年 2 月出生，湖北武汉人。现任教于东华理工大学。主要从事矿床学、地球化学及矿产资源勘查等方面的科研生产工作。2015 年在中南大学获取矿产普查与勘探专业博士学位，2017 年进入安徽地质调查研究院博士后工作站从事环境地球化学方面的研究，出站后进入东华理工大学，继续从事地球化学方面的研究。先后主持、参与国家级、省部级及企业横向课题 17 余项；公开发表学术论文 20 多篇。

前言

　　河北省邯邢冶金矿山管理局下属玉泉岭、矿山村、玉石洼及符山等四个铁矿，建成于 20 世纪 50—60 年代，现已步入开采中晚期，即将面临闭坑，矿山接替资源的找矿工作迫在眉睫。为此，河北省邯邢冶金矿山管理局委托中南大学开展"邯邢冶金矿山管理局末期矿山深边部找矿预测研究"项目，围绕局属玉泉岭、矿山村、玉石洼、符山四个末期矿山开展深边部地质找矿研究，对矿山资源前景做出符合客观实际的结论，并对潜在成矿有利部位提供工程验证方案。本项目的关键是查明邯邢式矽卡岩型铁矿控矿因素及矿体空间赋存规律，选用合适的深部勘查手段勘验工作区内各矿山 1500 m 深度内的地质成矿条件及捕捉潜在矿体异常信息，对可能的赋矿空间及潜在的隐伏矿体给出预测评估。

　　本书在此项目研究的基础上，对冀南邯邢铁矿区区域地质背景和主要矿床类型进行了总结，选择了该地区的玉泉岭、玉石洼和符山铁矿作为重点，开展了矿床地球化学、勘查地球化学等方面的研究，运用岩石学、构造地质学、矿床学、矿床地球化学、勘查地球化学、数学地质、地球物理等多学科知识对研究区矿床地质特征、成矿规律、地球化学特征、矿床成因进行了系统和深入的研究，并在全面总结成矿规律的基础上，开展了成矿预测研究工作，形成了如下认识：

　　（1）总结和研究了冀南邯邢铁矿区区域大地构造背景、区域地质特征；总结和研究了玉泉岭、玉石洼和符山铁矿及相关岩体的地质特征、矿石特征、矿体特征和围岩蚀变特征。

　　（2）对玉泉岭、玉石洼、符山铁矿床进行侵入岩、围岩主量元素、稀土元素、微量元素分析，并探讨了侵入岩等形成的构造环境。

（3）对玉泉岭铁矿进行原生晕地球化学找矿预测研究，通过原生晕异常指导找矿工作；对玉石洼铁矿通过遥感地质，分析矿床异常分布情况，确定找矿靶区；符山铁矿通过总结找矿标志，确定找矿靶区。

（4）对玉泉岭铁矿找矿靶区、玉石洼铁矿找矿靶区、符山铁矿找矿靶区通过 EH4 物探方法进行预测，确定矿体、岩体、断层产状。

本专著为湖南城市学院"双一流"学科文库；受"城市地下基础设施结构安全与防灾湖南省工程研究中心"、湖南省自然科学基金省市联合基金项目（编号：2022JJ50277）、湖南省自然科学基金面上项目（编号：2021JJ30078）、湖南省教育厅科学研究项目一般项目（编号：20C0381）、益阳市社科联项目（编号：2021YS133、2022YS154）、贵州理工学院高层次人才科研启动项目（编号：XJGC20161101）、教育部产学合作协同育人项目（编号：202101022020）共同资助。

因作者水平有限，书中难免有不足之处，请专家学者们批评指正。

作 者

2022 年 4 月

目录 / Contents

第 1 章　绪论

1.1　项目来源及研究背景

我国大部分有色金属矿山建成于 20 世纪 50—60 年代，现在多数已经进入开采的中晚期，一些重要大中型矿山面临接替资源严重不足的问题，寻找接替资源迫在眉睫。2004 年 9 月，国务院第 63 次常务会议审议通过了《全国危机矿山接替资源找矿规划纲要》(2004—2010 年)，决定在有资源潜力和市场需求的老矿山周边或深部开展找矿工作，以延长矿山服务年限。

国外的矿业实践表明，已开发矿山深部和外围是发现新矿床、扩大资源储量的重要途径。老矿山具有地质现象揭露清楚、地质资料丰富的特点。国内在有资源潜力和市场需求的老矿山周边和深部开展地质工作以来，找矿工作硕果累累。据统计，2009 年全国已有 216 座国家紧缺矿种的大中型国有矿山开展了周边或深部找矿工作，成功率达 90% 以上。例如 2005 年底，湖北大冶铁矿深部找矿获得很大进展，新增铁矿石资源量 767 万 t；2009 年，辽宁本溪在 1280 m 以下的深部找到 20 亿 t 的超大型铁矿，这些都说明我国深部找矿前景十分诱人。

邯邢式铁矿是我国著名的铁矿成矿类型，该类矿床主要分布在稳定的华北地台范围内，与成矿有关的岩体为燕山期辉长-闪长岩和闪长-二长岩类杂岩体，一般以复杂的层状体侵入在以中奥陶统为主的碳酸盐岩地层中，主要矿化层位是中奥陶统马家沟组灰岩，部分为中石炭统和寒武系砂(页)岩中的灰岩夹层。邯邢地区毫无疑问是邯邢式铁矿最具代表性的区域，不仅矿石品位高，而且储量相当可观。自 20 世纪 70—80 年代以来，有多家生产与科研单位在该地区进行了大量的找矿地质勘探及科研工作，对矿床的地质特征、控矿因素、成矿规律、矿床成因以及地球物理特征等进行了深入细致的研究,并建立了成矿模式,迄今已在本区发现不同规模的矿床 100 多个,探明储量约 10 亿 t。

在我国全面开展大中型危机矿山深边部找矿工作,且取得很多重大突破的背景下,2009 年初,"邯邢冶金矿山管理局末期矿山深边部找矿预测研究"立项工作正式启动。河北省邯邢冶金矿山管理局与中南大学地学与环境工程学院(现为中南大学地球科学与信息物理学院)达成协议,委托中南大学地学与环境工程学院承担该项目,进行为期 1 年的危机矿山深边部找矿预测工作,主要针对邯邢成矿带,包括玉泉岭、矿山村、玉石洼、符山四个老矿山展开全面的地质研究工作。

2009 年,四个矿山由于资源枯竭,已面临闭坑破产。为了解决职工再就业问题,充分利用矿山现有生产设备,邯邢冶金矿山管理局(以下称管理局)拟对符山矿区深边部开展地质找矿研究,尤其对于原矿体深部(地表以下 1500 m 内)是否存在隐伏矿体提出客观评价,并将其作为 2009 年管理局重点科研项目,以期扩大成矿远景区,发现新的矿产资源,延长矿山服务年限。本书在此项目基础上,选择玉泉岭、玉石洼、符山铁矿三个矿山为研究对象,通过地质学、地球化学、遥感地质、地球物理等综合地质学科研究手段,在系统研究的基础上,完成了本书的撰写。

1.2 研究目的与任务

1. 主要目的

在对以往邯邢成矿带区域矿产地质工作成果分析的基础上,通过全面研究玉泉岭、玉石洼、符山铁矿多年积累的地质资料,同时结合野外详细地质调查工作,运用各种现代先进的技术手段和找矿预测方法,对玉泉岭、玉石洼、符山矿区的资源远景作出客观评价,对已知矿区深边部有利成矿地段提供工程验证方案,以期发现新的资源量,延长矿山寿命(杜高峰等,2012;息朝庄等,2013;夏浩东等,2013)。

2. 主要任务

(1)通过遥感解译和对已有资料分析,同时结合野外调查,初步查明三个矿区内主要控矿因素、控矿规律;

(2)通过详细野外现场调研工作,解剖典型矿床或矿点,进一步查明区内控矿特征、成矿规律和矿体空间展布及富集规律;

（3）系统研究区内矿物学、岩石学、矿床学、地球化学以及成矿物理化学条件，建立成矿模型及找矿标志；

（4）通过综合分析确定找矿靶区，选择适当的地球物理方法开展地球物理探测，确定工程验证靶位。

1.3　国内外研究现状

1.3.1　矿床地球化学

矿床学和地球化学的发展推动了矿床地球化学在成矿理论和分析测试方法两个方面的进展和突破，形成了以成矿作用为研究核心，以现代分析测试和试验技术为手段，以历史地球化学的理论和观点为指导的较完整的学科知识体系（王瑞延等，2003）。下面分别对稀土元素、微量元素的研究以及矿床地球化学前沿动态进行综述。

1. 稀土元素、微量元素研究

稀土元素（REE）在矿床学领域的应用起步较晚（泰勒，1987），但因稀土元素本身固有的性质，它在矿床学研究中的作用备受关注。稀土元素研究通常是应用热液矿物（如石英、黄铁矿、萤石等）的稀土元素特征来探讨热液和成矿物质来源（Philip R Whitney, et al., 1998）。徐九华等（徐九华等，2004）应用ICP-MS技术和热爆提取方法，研究了安徽铜陵矿集区新桥、冬瓜山、峙门口、铜官山、朝山等矿床具代表性的热液石英中流体包裹体的稀土元素特征，获得了流体中成矿物质的深源特征。王莉娟等（王莉娟等，2003）对蔡家营、大井多金属矿床中石英、闪锌矿等进行流体包裹体稀土元素研究，认为矿物中流体包裹体稀土元素比主矿物更能准确地反映古成矿流体来源和矿床成因特征。别风雷等（别风雷等，2000）用ICP-MS首次测定了呷村银多金属黑矿型矿床矿石流体包裹体中的稀土元素含量。

由于稀土元素具有相似的地球化学性质，同时在外界环境发生变化时部分元素又表现各自的分馏特性，产生不同的稀土元素分异型式（王中刚等，1989），所以可以借助其相似性和分异性来示踪矿化过程（Paolo Fulignati, et al., 1999）。研究矿石矿物及不同地质体稀土元素组成特征和分配型式，可以判断成矿环境和成矿物理化学条件（Ahmet Sasmaz, et al., 2005）。凌其聪等（凌其聪等，2002，

2003；凌其聪，1999）对安徽冬瓜山矿床主矿物石榴石、石英及矿石的 REE 进行了系统研究，结果表明，冬瓜山层控矽卡岩及其相关的矿床是由大理岩受多期多阶段热液的渗滤交代作用而形成，石榴石晶体基本承袭了热液的 REE 特征，REE 的研究亦有助于阐明层控矽卡岩及其相关矿体的成因。

稀土元素还应用于矿产勘查中，如在判别岩体含矿性方面及构造岩稀土元素特征在找矿中的应用（李闫华等，2007）。稀土元素在矿床学研究中已经广泛应用，但同在岩石学中的应用相比还有一定的差距，一是由于矿床的形成比岩石更复杂，二是对矿床的稀土元素研究起步比较晚、数据较少、在区域对比等方面还比较欠缺、基本理论体系还没有形成。同时，稀土元素的应用必须与其他地质地球化学方法相结合，互相印证，以得出客观的认识。

微量元素及同位素示踪方法在重建成矿流体演化过程的研究中具有重要的作用（A Dolgopolova, et al., 2005）。

2. 矿床地球化学研究进展

21 世纪矿床地球化学的主要研究方向是：

（1）金属元素超常富集机理研究：需要从成矿流体、大陆动力学、壳幔相互作用、基底成矿元素组成特征、特殊态成矿物质研究及基础地质研究等方面进行深入探索；

（2）突发地质事件或地质过程的突变及大规模成矿作用爆发的耦合机理研究；

（3）短缺金属矿种的成矿作用研究；

（4）我国矿床地球化学的发展目标应是以大型矿集区为研究核心，以成矿作用动力学为理论指导，以巨量成矿物质聚集条件为根本基础，发展大陆成矿理论，探索新的成矿理论和找矿方法，为确定国民经济发展所需的金属矿产战略基地提供坚实的科学依据和方法指导。

1.3.2 矽卡岩型矿床

1864 年，Kotta 在研究匈牙利巴纳特铁多金属矽卡岩矿床时，首先提出"接触矿床"的定义。凯姆、林格仑、戈尔德施密特等于 1913—1914 年在《经济地质》上撰文，论证了矽卡岩矿床形成的交代假说，认为矽卡岩和矽卡岩矿石是在岩浆结晶过程中通过液态岩浆的喷气作用，交代碳酸盐岩石而成的。Einaudi 在 1981 年综合分析了 400 多篇有关矽卡岩矿床的文献资料，讨论了矽卡岩矿床形成的板块构造背景和各类矽卡岩金属矿床的地质特征（赵一鸣等，1990）。矽卡岩矿床主要特征(如矿床产出、矿体形态、矿物组合、成矿元素种类、成矿过程等)已被详细描述。近几十年来,含金矽卡岩矿床的勘查和研究工作在国内外取得了很大的进展(马光,2005),发现了一批大型独立的或共生的金矿床,如美国内华达州的McCoy 矿床、蒙大拿州的 Elkhorn 矿床和 Beal 矿床、华盛顿州的 Crown Jewel 矿床、印度尼西亚的 Big Gossan 矿床、中国湖北的鸡冠咀矿床和鸡笼山矿床、安徽的天马山矿床等,从而引起了人们的关注。

我国地质工作者对矽卡岩矿床进行了大量且系统的科学研究工作:

沈保丰等对冀南地区矽卡岩铁矿床的成矿地质条件和矿化蚀变特征等进行了较详细的研究(沈保丰等,1981)。黄蕴慧等对香花岭锡铍矿床的矿物学进行过深入细致的研究(黄蕴慧等,1985)。翟裕生等对长江中下游地区矽卡岩铁铜矿进行了综合研究。董振信对鲁中地区与矽卡岩铁矿床有关侵入岩的岩石学特征做了不少细致的工作(董振信,1987)。赵一鸣等曾对湖北大冶、东秦岭、闽西南、辽宁杨家杖子和云南个旧等地区的矽卡岩矿床进行过较系统深入的研究工作,并对我国矽卡岩矿床的分类、交代系列、基本地质特征等做过有关讨论。田世洪等对安徽铜陵小铜官山铜矿床稀土元素和稳定同位素进行了深入详细的研究(田世洪,等,2005)。毛景文等对长江中下游地区铜金(钼)矿进行了 Re-Os 年龄测定,认为其为中生代第二期大规模成矿作用的产物(毛景文等,2004)。姚鹏等以西藏甲马矿床为例,从稀土元素和硅同位素特征角度探讨其层状矽卡岩成因,认为其为热水喷流成因(姚鹏等,2006)。赵劲松等对大冶-武山矿化矽卡岩的稀土元素地球化学进行过系统研究(赵劲松等,2007)。方维萱等对东疆沙泉子铜和铜铁矿床岩(矿)石地球化学进行研究,并探讨了其地质找矿前景(方维萱等,2006)。李光明等对冈底斯东段南部第三纪矽卡岩型 Cu-Au-Mo 矿床地质特征、矿物组合进行了研究(李光明等,2006)。刘继顺等对湖北铜绿山矽卡岩型铜铁矿进行了研究(刘继顺等,2005)。蔡锦辉等对湖南骑田岭白蜡水锡矿床的成矿年龄进行了探讨,认为该矿床的成矿作用发生在燕山早期(蔡锦辉等,2004)。李大新等对江西焦里矽卡岩银铅锌钨矿床的矿化矽卡岩分带和成矿流体演化进行了系统研究(李大新等,2004)。焦鹏等对金场矿区矽卡岩型金铜多金属矿床成矿规律及深部找矿预测进行了研究(焦鹏等,2006)。王长明等对内蒙古黄岗梁锡铁多金属矿床层状矽卡岩进行了成因分析(王长明等,2007)。徐兆文等通过对安徽铜陵冬瓜山铜矿床内矽卡岩矿物流体包裹体显微测温及氢、氧同位素的研究认为,早期矽卡岩的形成可能涉及高温岩浆流体过程(徐兆文等,2005)。佘宏全等对西藏冈底斯铜矿带甲马矽卡岩型铜多金属矿床与驱龙斑岩型铜矿流体包裹体进行了对比研究,认为二者应属同一成矿系列(佘宏全等,2006),还对冈底斯中东段矽卡岩铜-铅-锌多金属矿床特征及成矿远景进行了分析。张科对西藏勒青拉铅锌矿稀土元素地球化学特征进行了研究(张科,2006)。贾润幸等从矿床地质产状、矿物组合和岩石化学成分等方面探讨了个旧塘子凹接触带不同类型矽卡岩的特征(贾润幸等,2007)。韩春明等对新疆北部晚古生代铜矿床主要类型和地质特征进行了系统研究(韩春明等,2006)。宋保昌等对云南中甸红山铜多金属矿床进行了研究,认为其为新生代热泉喷流沉积型矿床(宋保昌等,2006)。

陈衍景等对我国矽卡岩型金矿分布特征进行了研究,系统总结了中国不同构造单元70个矽卡岩金矿床的基本地质特征,表明矽卡岩型金矿是我国最重要金矿类型之一,值得今后地质研究和勘探工作者重视(陈衍景等,2004)。

赵一鸣等利用众多的资料对我国17个矽卡岩矿床的流体包裹体研究进行了总结,其特征可以归纳为:

(1)矽卡岩型矿床中普遍存在5类流体包裹体:气液型包裹体(均一为液相)、气体包裹体(均一为气相)、多相包裹体(含石盐、钾石盐等子晶)、含 CO_2 包裹体、熔融包裹体(气相和玻璃质,均一为熔融体)。

(2)与矽卡岩有关的矿物的流体包裹体均一温度分别为:铝透辉石905~1005℃、镁橄榄石651~702℃、硅灰石530~730℃、方柱石580~650℃、单斜辉石400~650℃、石榴石300~642℃、符山石260~460℃、蔷薇辉石280~400℃、闪石200~520℃、萤石120~440℃、锡石260~540℃、白钨矿180~320℃、闪锌矿240~400℃。由此说明,从镁矽卡岩→钙矽卡岩→锰矽卡岩形成温度依次降低。矽卡岩型铁铜矿床的成矿温度主要集中于180~400℃。

(3)成矿流体的盐度 $w(NaCl_{eq})$ 可划分为3个范围:低盐度区(1%~10%);中盐度区(10%~30%);高盐度区(30%~60%)。除挥发相外,成矿流体的盐度与温度呈正相关关系,盐度在 $NaCl-H_2O$ 体系临界线与 NaCl 饱和线之间变化。

(4)成矿流体中的主要阴离子,亦即 $Cl^- - F^- - SO_4^{2-}$ 系统与花岗质岩浆类型关系密切。如果为同熔型花岗质岩浆,则 Cl^- 占优势,与铜、钼、金、铁矿化有关;如果为地壳重熔型岩浆,则 F^- 和 SO_4^{2-} 占优势,与钨、锡矿化关系密切。在成矿过程中 $f(O_2)$ 和 $f(H_2O)$ 为重要的制约因素,例如在 $CO_2-H_2O-CO-CH_4$ 中,成矿流体中 CO_2 或 CO_2-H_2O 占优势,而 $CO-CH_4$ 则微不足道。

(5)大多数矿床中都可以见到岩浆二次沸腾的现象。

从上述资料中不难发现,与矽卡岩矿床有关的花岗质岩浆可能在700~

1000℃时分离出独立的挥发相(在高侵位环境中挥发相在岩浆中达到过饱和),挥发相物质与碳酸盐岩层发生交代作用,则生成早期矽卡岩。当花岗质岩体顶壳固结后,挥发相物质仍从岩浆房中源源不断地上升,许多角砾岩筒和密集破裂面便是挥发相物质上升作用的佐证。在 400~600℃时,形成复杂矽卡岩。

1.3.3　成矿预测理论

成矿预测学是研究矿产预测的基本理论、工作分类及方法的一门边缘应用学科,是矿产预测的指导。成矿预测的对象是隐伏矿体、盲矿体和难以识别的矿产,研究内容是它们的成矿背景、成矿条件、成矿信息及成矿规律,并在此基础上根据相似类比理论、地质异常理论和综合控矿理论,运用合适的成矿预测方法,进行所需比例尺的成矿预测研究,圈定找矿靶区,预测资源数量(刘石年等,1993)。

纵观成矿预测的研究史表明:成矿预测工作是一项复杂的系统工程,是地质学、岩石学、矿床学、区域成矿学、矿床勘探学、勘探地球化学、勘探地球物理学、遥感地质学等专业及科学知识的融合,具有极强的探索性、综合性和实践性(王明志等,2007)。

1. 成矿预测的科学找矿理论

成矿预测实质上是人们对发生在过去的成矿时间感兴趣的未知特征作出的一种主观估计和推断,也是一种严密的科学逻辑思维过程(曹新志等,2003)。成矿预测是贯穿矿产勘查和矿山开发全过程的地质工作。凡是与矿产相关的地质工作都包含成矿预测的内容,它为矿床的发现、评价勘查费用的投向提供科学依据。因此,在长期的矿产勘查过程中,人们已经充分认识到矿床预测理论对指导矿床预测、科学决策的重要性,自觉或不自觉地进行成矿预测理论的研究。

1) 相似类比预测理论

赵鹏大院士提出相似类比预测理论:在一定的地质条件下产出一定类型的矿床,相似地质条件下赋存有相似的矿床,同类矿床之间可以进行类比,将与已知矿床的地质背景相似的地区(段)认为是成矿远景区或圈定为找矿靶区。应用的前提是:①在相似的地质环境下,应该有相似的成矿系列或矿床产出;②在相同的(足够大)地区范围内应有相同或相似的矿产资源量(赵鹏大等,2001)。朱裕生认为用相似类比理论进行成矿预测评价的基本要求是:①推断潜在矿床的空间位置,做出定性预测;②推算潜在矿床的规模作定量评估;③提出寻找和发现潜在矿床的直接和间接标志及找矿的方法途径(朱裕生,1999)。

相似类比的基本方法有经验类比、专家系统类比和计算机模拟类比等。该理论对预测和寻找同一类型、同一尺度的矿床(体)十分有效,对同一矿种的其他类型矿床有一定的局限性,尤其是对那些难识别矿、新类型矿床的预测和寻找有一定的局限性。

2)地质异常预测理论

地质异常预测理论是由赵鹏大等提出的(赵鹏大等,1991;1993;1995;1998;1999),其主要内容是:地质异常是在成分结构、构造或成因序次上与周围环境有明显差异的地质体或地质组合。如果用一个数值(或数值区间)作为阈值来表示背景场的话,凡超过或低于该阈值的场就是构造地质异常。地质异常具有一定的强度、空间范围和时间界限,其表现形式不仅在物质成分、结构构造和成因序次上与周围环境不同,而且还经常表现在地球物理场、地球化学场及遥感影像异常等的不同。因此,地质异常往往都是综合异常。地质异常,作为一个具有时空结构的物质实体具有如下特性:不连续性和突变性、不均一性和多样性、随机性和不确定性、等级性和相对性、不规则性和自相似性(赵鹏大等,1998)。

地质异常是不同地质历史时期演化发展的产物。地质异常形成的地质时代、构造背景、地质环境和岩石类型决定了异常的性质及其赋存的矿产资源种类和规模。系统应用地质异常理论及相应的方法,使不同层次的成矿预测研究有机地结合成一个整体,圈定"5S"地段(赵鹏大,1999),并阐述不同类型地质异常与成矿预测区圈定的"5S"地段之间的相互关系,随着异常成矿信息的不断增加,找矿范围逐步缩小,找矿成功概率逐步增大。

3)成矿系列

成矿系列是程裕淇等(程裕淇等,1979;1983;陈毓川等,1993;陈毓川,1994)根据我国矿床区域成矿规律提出的概念和理论。根据已知矿床成因类型,可直接预测该已知矿床深部和近外围的成矿和找矿靶区。在研究成矿系列时间与空间结构基础上,成矿系列主要有以下特点(曾健年等,1996;翟裕生等,1987;翟裕生等,1996;沈远超等,2001):①概括性:高度概括了矿床成群成组出现所制约的主导因素;②连续性:成矿系列中不同类型矿床的形成有时间先后,但是整体构成一个连续时间序列统一体;③共生性:同一时间由于控矿地质因素不同,而在空间上形成毗邻的不同类型矿床;④分带性:成矿系列中不同类型矿床的时间排列样式;⑤重叠性:不同时间形成的不同矿床类型在空间上有重叠;⑥有序性:成矿系列从高层次到低层次的有序排列,由大区域成矿区带-矿带-矿田组成3个层次的自然系统,相应地由成矿系列组合-成矿系列-成矿亚系列(包括矿床类型）；⑦过渡性：同一成矿期内成矿作用由渐变到突变演化，矿床类型随地质环境的变化而发生递变，成矿系列内矿床之间常出现过渡型矿床；⑧互补性：在一个成矿区带中，成矿物质有两个特点：一是成矿物质的常量性；二是成矿作用强度的不均衡性；⑨预见性：成矿系列反映成矿作用的主导因素，掌握了成矿主导因素与矿床地质特征，就能建立接近实际的成矿模式。

研究成矿系列的以上性质，对于认识各矿床的时间演化特征、空间分布规律，揭示成矿系列的时空结构有着非常重要的意义。成矿系列从系统论的观点出发，研究一个区域中与一定成矿事件有关的，在不同演化阶段、不同控矿条件的各类型矿床之间的相互关系，研究矿床总的区域地质构造背景及其发展历史，研究各种控矿因素的相互关系和相互作用，因此是区域性的、综合性的、历史性的研究。

4）矿床成因模式理论

20 世纪 80 年代以来，国际上兴起了以矿床成因模式进行成矿预测和找矿的热潮，国际地科联于 1984 年设立一个国际的《矿床模式项目》(1985—1994 年)，目的是交流矿床模式，用于矿产资源的勘查、评价和开发，促进矿床模式专门技能的系统化，已取得了较好的效果。国际上，以 D P Cox 和 D A Singer 为代表，国内以陈毓川、张贻侠、裴荣富、翟裕生等为代表，他们都对矿床模式进行了系统论述（陈毓川、朱裕生，1993；Dennis P, et al., 1987；张贻侠，1993；朱裕生、梅燕雄，1995）。矿床成矿模式，即矿床形成过程的模式，确切地说，它是对矿床赋存的地质环境、矿化作用随时间空间变化显示的各类特征（包括地质、地球物理、地球化学和遥感地质）以及成矿物质来源、迁移富集机理等矿床要素进行概括、描述和解释，是成矿规律的表达形式。一个典型的、有代表性的矿床模式，是在对大量矿床进行综合研究的基础上，对某一类型矿床或矿体的成矿大地构造环境、成矿地质背景、成矿机制、控矿因素和矿床的时空分布规律的总结和综合，是对地质历史时期成矿的高度概括；然后采用图解、文字或者表格的形式将复杂的成矿要素、过程及矿床的地质特征进行表达。因此，矿床成矿模式是在成矿理论的基础上总结某一类型矿床特征，用以指导同类型矿床的成矿预测。

国内外已报道了大量运用矿床模式指导找矿获得成功的事例，也建立了上百种成矿模式，典型的有斑岩铜矿模式、VMS 矿床模式、SEDEX 模式等；中国的地质学家针对中国地质成矿特征，建立了玢岩铁矿、火山岩型铜多金属硫化物矿床、岩浆岩铜镍硫化物矿床模式和陆相钾岩成矿模式等。陈建平等（陈建平等，2008）通过对西南三江北段纳日贡玛铜钼矿床多方面的特征进行系统分析与研究，提出矿床成矿模式，建立矿区三维数字矿床模型；郑建民等（郑建民等，2007）在研究冀南邯郸-邢台地区矽卡岩铁矿成矿过程的基础上建立了该区矽卡岩型铁矿床的成矿模式；刘建中等（刘建中等，2006）对贵州省贞丰县水银洞特大型层控金矿成矿模式进行研究，其成矿模式为：与深部隐伏花岗岩有关的富含 CH_4-N_2-CO_2 和 Au^{2+}、Sb^{2+}、Hg^{2+}、As^{2+}、H_2O 的热液，在燕山期区域构造作用下沿深大断裂上涌，沿 P_2m 与 P_3l 间的不整合界面（区域构造滑脱面）侧向运移（与岩石产生交代形成构造蚀变体，局部形成金矿体或矿床。如：水银洞Ⅰa矿体、戈塘金矿床），背斜核部附近发育的F162、F163等斜切层面的断裂构造或一系列节理成为成矿流体穿透一些构造封闭层（如炭质页岩）到达另外一些渗透性较好的地层——碳酸盐岩层（这些地层上必须有封闭层覆盖）的通道，热液向上运移过程中，碳酸盐岩层的顶底板黏土岩形成良好的封闭层阻止热液扩散而导致含矿热液沿孔隙度大的碳酸盐岩侧向运移并富集而成黔西南独特的层控型矿床——水银洞金矿床；芮宗瑶等（芮宗瑶等，2006）通过矿带结构和成矿年代等制定了冈底斯斑岩铜矿成矿模式，认为该矿床属于"A"型俯冲形成的矿带；李大民等（李大民等，2006）通过对甘肃天鹿砂岩型铜矿床成矿模式研究认为：矿区处于板块构造体制末期的残留海盆环境中，周围是隆起的以阴沟群为主的火山-沉积岩系，这些富 Cu 的岩层在风化剥蚀后，被迁移到残留海盆中，在构造运动和环境频繁变换的条件下，形成了红、绿交替的含矿建造。在还原状态阶段，在相对平静而局限的水域中，由于含 Cu 胶体及铜离子浓度的增加，首先沉淀出辉铜矿。随着含 Cu 胶体和铜离子浓度的进一步增加及还原程度的加强，相继形成了斑铜矿、黄铜矿、黄铁矿等硫化物，它们与同期沉积的碎屑一起构成了具有条带状构造的粉砂岩型铜矿石；侯增谦等（侯增谦等，2008）通过对川西冕宁—德昌喜马拉雅期稀土元素成矿带地质地球化学特征研究，基于成矿样式、矿体构造、流体包裹体数据和杂岩体侵位深度，提出了一个"三层楼"矿化模式。

2. 成矿预测的发展趋势

随着成矿预测理论的发展，在找矿难度日益加大的今天，在现代测试技术日益精密的今天，从矿产预测的研究及其进展，可以看到成矿预测研究出现以下的趋势：

（1）成矿预测正在从以描述性为主向定量化、精细化方向发展。随着科学技术的飞速发展，出现了许多新的实验技术和观测手段，使我们可以连续不断地获得目标体的各种信息，并进行定量的测量和分析，同时现代信息科学的发展，促使矿产预测由成矿信息的静态描述转向对过程的多维动态的定量表达。

（2）成矿预测学正在经历从研究基于成矿环境的找矿理论，向研究基于形成巨量金属聚集的找矿理论转变，从研究地表信息向研究深部信息向地表的传输过程和传输到地表以后的再分散富集机理转变，从发现和识别局部异常向发现和识别大规模地球化学异常模式转变（王安建等，2000）。

（3）从发现和识别局部异常向发现和识别大规模地球化学异常模式转变；从寻找和发现易识别、易发现的矿床向寻找难发现、难识别矿床转变；从成矿预测对区域远景区的圈定和评价向对深部隐伏矿床（体）的"定位"预测方向转变；在研究程度较高地区，如中国东部尤其是一些危机矿山，成矿预测从研究地表信息向捕获深部成矿信息穿透，运用"3S"（GIS、GPS、RS）技术预测正从一维向多维，从定性向"三定"（定位、定量、定级）推进，进而实现科学化、系统化、信息化、动态化和可视化多源信息综合预测，为勘查立项提供依据。

（4）利用遥感、地质、地球化学、地球物理等资料，结合构造成矿学、构造地球化学、成矿动力学、流体地质学、非线性科学、流体成矿学等，通过计算机模拟成矿过程，探索和研究热液成矿系统的演化、协同与变化规律，揭示矿体的空间就位机理、定位规律，以进一步探索成矿机理，为成矿预测服务。

（5）成矿预测尤其是隐伏矿定位预测正在从以分析为主向分析与综合相结合方向发展。由于成矿系统从微观到宏观都呈现复杂系统性质，因而应用多种手段以及综合信息方法对成矿系统进行系统性与综合性的分析，建立高精度综合成矿预测信息模型将是成矿预测发展的一个必然趋势（杨中宝等，2005）。

（6）从矿床模式-成矿模式向勘查模式发展，从单一模式向综合找矿模式发展，由图表、文字模式向数字模式发展；从成矿系列与成矿系统向勘查系统发展。

1.3.4 矽卡岩型铁矿勘查现状

矽卡岩型铁矿储量在我国已探明铁矿总量中所占比例较低，仅为10.37%，但该类型铁矿多为富矿，占我国已探明富铁矿矿石总量的50%以上，极具工业意义。因而，作为我国重要的铁矿类型之一，该类型铁矿一直是勘查工作的重点。自20世纪60年代以来，对华北邯邢地区、长江中下游的鄂东地区以及宁芜地区等多个接触交代型铁矿产区的成矿认识及找矿勘查技术手段方面的研究均获得了一系列突破。

在鄂东地区，与成矿相关的中酸性岩体接触带受褶皱构造控制观点的提出及"一体多式复合型"成矿模式的建立，合理地解释了鄂东地区接触交代型铁矿的产出特点。该类型铁矿通常沿成矿中酸性岩体与地层间、凹凸起伏的接触带，陆续在不同成矿深度发育具工业意义的富、厚铁矿体。基于上述认识，受地层先存向斜或背斜构造控制，所形成围岩的突出舌状体、残留体，或者是岩体的突出舌状体，无论是在平面上还是在剖面上，均为成矿有利地段，可发育有厚大矿体。另一方面，围绕该区次级剩余磁异常开展的找矿研究工作，建立了次级剩余磁异常模型，进一步提高了在该区利用磁法寻找隐伏矿体的效果。在实际找矿工作中，以把握次级磁异常模型特征为主的物探工作，紧密结合区内背、向斜构造控制接触带形态并控制矿化富集的认识，通过不断深入研究和反复验证，获得了极大的成功，在大冶铁矿开展的危机矿山深部找矿工作中获得的资源量达 3000 万 t 以上，并为长江中下游铁铜成矿带的深部找矿工作提供了很好的借鉴。

在宁芜、庐枞地区，包括矽卡岩铁矿在内的多种不同成矿类型的铁矿，通常围绕单个火山-侵入活动中心内发育的辉长闪长玢岩-辉长闪长岩相近产出。继梅山铁矿发现之后，研究者们深入总结地质及物探规律提出了"玢岩铁矿"成矿模式，认为这些相近产出但类型不同的铁矿是在同一成矿作用下，受不同赋矿环境制约、形成的不同成矿类型，各类型成矿虽独立产出，但相互间有密切的成因联系。该模式合理地解释了该区铁矿多类型同时产出的成矿特点，并推动了我国陆相火山岩铁矿找矿工作。在后续的勘查工作中，以该模式为指导，综合运用磁法、重力、化探、电法等多种手段，新增玢岩型铁矿床储量达 20 亿 t。

在邯邢地区，以岩基论成矿及层状岩体成矿的理论认识为基础，构建了具有多层位、多接触带成矿特点的"三层楼"邯邢式矽卡岩成矿模式，强调中性（偏基、偏碱性）岩体形态、侵入层位、接触带形式是控制区内铁矿产出的主要控制因素。物探磁法测量是铁矿勘查的重要手段之一，邯邢地区磁异常与矿体的对应关系研究方面获取了一些进展。在该区早期找矿工作中，区内闪长岩引起的磁异常通常不大于 2000 nT，位于中奥陶统灰岩与闪长岩接触带或附近、大于 2000 nT 的高值磁异常多为矿致异常，对应于埋深 200 m 范围内中小规模矿体，通常可利用钻探直接验证。而后续工作中，对部分低于 2000 nT 的磁异常开展的查证工作显示，在具备地质产出条件的前提下，此类异常中也存在矿致异常。通过进一步对这些低缓磁异常开展研究，于 1965 年 6 月在邯邢地区获得了极具意义的突破，即通过验证低缓磁异常探获了中关大型隐伏铁矿。此后，基于"三层楼"式邯邢式矽卡岩成矿模式，随着低缓磁异常模型建立及其日趋完善，邯邢地区陆续通过验证多个低缓磁异常，发现了一批隐伏的"邯邢式"接触交代铁矿，新增储量几十倍。

从当时地质工作程度而言，邯邢、鲁中、鄂东、宁芜等成矿区（带）勘探程度已经很高，若需突破，只能是多寄希望于深部。从铁矿勘探深度来看，上述各区的铁矿勘探深度平均已达 500 m，部分矿床勘探深度大于 700 m，少数矿山甚至可达 1000 m。由于众所周知的原因，各种成矿信息在深部反应微弱，且易被混合、干扰，仅凭借旧有成矿认识及单一找矿方法进行找矿，困难极大。

　　为此，研究者做出了许多有益的尝试，继续深化成矿认识及完善找矿方法。前人工作获取的相关物性认识成果表明，矽卡岩型铁矿石与围岩之间，在磁化率、视电阻率、极化率、密度等多方面均存有相对显著的物性差别，具备开展综合性物探工作的物性基础。因此综合两种或多种物探方法是目前进行较多的一种尝试，该方法旨在综合利用相关成矿地质条件的各种物性差异（磁性、电性、密度等）信息，相互制约和相互印证以获取更可信的成矿信息。综合运用物探方法可以充分运用磁铁矿的高磁性、低阻性以及高极化性等物理特性，相互比照约束来减轻单种物探方法多解性带来的不确定性因素，或者通过其他间接成矿信息相互补充、相互说明得出可信的综合解释。

　　另一方面，地球物理方法技术近年来得到了飞速发展，随着大量高精度地球物理勘探仪器的问世，以及多种电法如 MT、TEM（瞬变电磁法）、CSAMT（可控源音频大地电磁法）、EH4（连续电导率成像系统）、IP（大功率激发极化法）等的陆续推广应用，为解决深部矿体定位问题、获取直接或间接成矿信息提供了丰富的可选手段。

1.4　研究思路及技术路线

1. 研究思路

坚持"从已知到未知，由浅到深，由点到面"的找矿思路，通过对邯邢地区已知矿体成矿规律、控矿规律及分布特征等方面总结区域成矿模式，结合区内勘探线资料对已知矿体重新进行深部成矿可能性评价；同时重点研究区内航磁异常及地表磁异常资料，在高值异常已经基本被验证的背景下，重点对低缓磁异常、复杂异常区开展现场地质工作，同时结合化探工作寻找成矿的最佳靶区。

2. 技术路线

根据矿区地质特征，本次研究采用以下技术路线：在充分收集矿区资料的前提下，通过构造地质学、岩石学、矿床学、地球化学、地球物理、遥感地质、统计学、成矿预测学等多学科技术，在对采集样品进行分析测试的基础上，对邯邢矿区三个矿点进行综合系统分析研究，总结控矿因素、成矿规律，确定找矿标志，指明进一步找矿方向，为矿山下一步生产提供依据。

1.5 完成的工作量

自 2009 年 3 月开始，笔者及本课题成员先后多次前往河北邯郸开展野外现场调研，连同后续大量各项室内工作及相关资料编写，完成实物工作量如下：

1. 野外现场地质调研阶段

(1)野外调研工作时间共计 11 个月，包括 2009 年 6—8 月、2009 年 10—12 月、2010 年 3—5 月、2011 年 8 月和 2011 年 10 月。

(2)收集了各矿区勘探线剖面图 45 张、中段地质平面图 60 张(20 个中段)、主要矿体垂直纵投影图 6 张，采集了矿体厚度、品位等采样分析数据 332 组。

(3)完成研究区地质调研面积为 12 km²，线路地质调查 15 km，累计观察地质点 537 个，采集和鉴定岩、矿标本 279 块。

(4)完成井下 11 个中段矿体地质调查，路线总长约 7 km，采集岩、矿石标本 138 块。

(5)对井下典型地质现象，如矿体与围岩的接触关系，矿体富矿部位、矿体的空间形态与接触带形态的依存关系等进行了特征观察和分析，完成井下 7 条穿脉实测剖面素描及采样(包括岩矿标本鉴定样、微量元素测试样、稀土元素测试样)，剖面总长 303 m。照相共 19 张。

(6)施测 EH4 高频大地电磁测深剖面 19 条，总长 9700 m，共计 180 个点。

2. 室内研究阶段

(1)岩、矿石主成矿元素和微量元素分析样品 42 件，分析元素有 Au、Ag、Cu、Pb、Zn、Hg、Ni、Co、Cr、As、Sb、Bi、Sn；磁铁矿矿物包裹体气、液相成分分析 5 件；矿石薄片均一法测温 6 件；岩、矿石稀土元素分析 37 件；硫同位素分析 5 件；岩、矿石化学全分析 9 件。

(2)岩矿鉴定光片、薄片 60 块；光片和薄片显微照相 86 张。

(3)综合成矿信息计算机处理 260 h。

第 2 章　区域成矿地质背景

2.1　区域地层

　　邯邢地区位于山西台背斜与河淮台向斜的过渡地带(图 2-1),东接黄淮大平原,西傍太行山脉,属太行背斜之东翼。

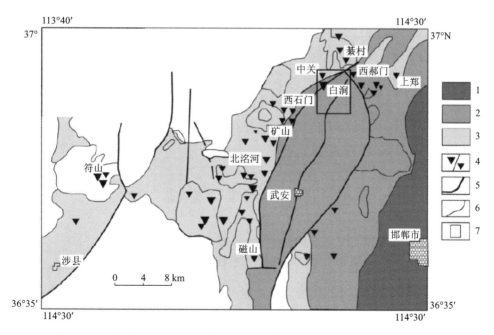

1—第三纪;2—石炭纪~二叠纪;3—中奥陶世;4—铁矿;5—断裂;6—地层界限;7—研究区。

图 2-1　邯邢地区区域地质图(据张聚全等,2013)

西部和中部为裸露区，东部为华北平原覆盖区。地层西老东新，其出露依次为太古宇下赞皇群，中元古界长城系，古生界寒武系、奥陶系、石炭系、二叠系，中生界白垩系，新生界第三系和第四系。

总体走向北东，向南东缓倾斜，倾角一般在10°～20°。除石炭纪、二叠纪和第三纪地层缺失以外，各时代地层裸露良好，具有较完整的剖面。石炭系、二叠系和三叠系主要发育于各个含煤盆地，广为第四系所覆盖，露头不佳，剖面测量较困难；第三系出露零星，仅有部分剖面控制。

1. 太古界下赞皇群

下赞皇群主要为放甲铺组（上段），分布于册井幅—侯峪一带，出露面积很小，而且不完整，未见底，与上覆地层为角度不整合关系。

主要岩石为各种片麻岩及部分片岩、斜长角闪岩、大理岩等。层理虽不够清晰，但可见多数斜长角闪岩等的界面、石英岩—大理岩韵律层的产状同片麻理一致，也同时反映了早期构造所存在的紧密挤压褶皱。根据区内所出现的普通角闪石-铁铝榴石-斜长石-石英及北邻存在的蓝晶石-铁铝榴石-黑云母-斜长石-石英矿物组合，特别是特征矿物蓝晶石、铁铝榴石等的出现，标志着本区在主变质期处于中温中压下的区域变质环境。从主要为低角闪岩相的地层内却同时出现有二云绿泥片岩等高绿片岩相夹层，以及含石榴石变质岩中均能见到"绢云母化斜长石次生边围绕石榴石生成现象"分析，分别说明其曾经历过退变质作用及"非等化学"的钾质选择交代过程。

放甲铺组上段：主要为黑云斜长片麻岩、黑云角闪斜长片麻岩、石榴斜长角闪岩、斜长角闪岩及二云绿泥片岩夹混合岩化黑云斜长片麻岩、混合岩化角闪斜长片麻岩、含角闪石二长条带状混合岩，顶部为含白云母白云质粗晶大理岩及少量二云蚀变压碎岩、石英岩。大理岩和斜长角闪岩呈相变关系；由西向东大理岩中各种片岩夹层递增，直至大理岩趋于尖灭。厚度大于533 m。

2. 中元古界长城系

长城系仅见常州沟组，主要分布于册井幅北部的渡口、侯峪和柴关一带，另在南部的鼓山仙庄一带亦见零星出露。与下伏地层呈角度不整合关系，覆盖于下赞皇群不同层位之上。长城系主要由一套结构成熟度很高的石英砂岩组成，底部有不厚的泥岩、粉砂岩；中上部则夹大量石英砂岩及少量页岩。本组自下而上夹有几层海绿石石英砂岩。从微量元素看，各段差异也较明显，一段含钛最高，其次为三段、四段，二段含量最少；锰的含量除一段较高外，变化不大，总厚500 m左右，据岩性特征和沉积韵律可进一步划分为四个段。

自下而上叙述如下：

第一段：主要沉积于古地形低凹处，厚度变化大，常近距离尖灭。底部为 10 cm 左右的角砾岩，角砾呈棱角状，大者 8~10 cm，小者 1~2 cm，成分为石英；下部为紫红色铁质石英粉砂岩、粉砂质泥岩，其顶部见一层厚 10~15 cm 黄褐色白云质钙质胶结的石英砂岩，横向有时相变为含砂白云岩，层面夹有薄层灰绿色页岩，砂岩中含有海绿石，上部为棕紫色中厚层至薄层铁质石英砂岩、页岩，厚 10~15 m。

第二段：为紫红-棕红色，细-中粒中厚层石英岩状砂岩、石英砂岩，波痕、交错层理发育。下部为中厚层硅质及铁质胶结中、细粒砂岩；中上部以紫色中厚层中-细粒石英砂岩间夹肉红、黄褐色薄层中细粒石英岩状砂岩为特征。该段石英含量 90% 以上，硅质胶结，质地坚硬，地貌为陡壁，局部已符合硅石矿的工业要求，厚 100~129 m。

第三段：灰白、粉红色细-中细粒中厚层石英砂岩、长石石英砂岩、含砾长石石英砂岩，底部在剖面上有两层闪长玢岩岩床侵入，侵吞了紫色页岩及石英细砂岩之层位；中部夹铁质粉砂岩，其粗粒长石石英砂岩中含有紫色、绿色页岩的角砾及海绿石；上部有时为含砾长石石英砂岩，并在粗砂岩中夹有紫色页岩；顶部为紫红色薄层砂质页岩，层面上见泥裂现象。厚 112~150 m。

第四段：底部为粉白色石英细砾岩，砾石直径 2~8 mm，厚 0.3~0.4 m。下部为紫红、肉红、粉色中厚层粗粒长石石英砂岩、石英岩状砂岩，偶含砾石，夹少量砾岩、粉砂岩、砂质页岩，斜层理发育；中部为紫色中厚层铁质石英岩状砂岩、铁质石英砂岩、紫红、浅红色薄层细粒海绿石石英砂岩；上部为粉白、粉红色厚-中厚层白色细粒长石石英砂层，局部见海绿石，夹有紫色铁质石英砂岩，其顶部为粉白色中细粒长石石英砂岩夹中粗粒石英砂岩并为下寒武统所覆盖。厚 100~152 m。

3. 古生界寒武系

主要分布于武安、涉县地区的渡口、高庄及岳庄一带、呈北东向分布。该系平行不整合于长城系常州沟组之上，沉积缺失最低部的府君山组，为一套碳酸盐类及紫色粉砂岩、内砂屑钙质页岩为主的滨、浅海相地层。本系化石丰富，厚度一般变化不大。根据所测仙庄、岳庄和沙铭剖面，可分为三统七组，层次清晰，通过大量化石鉴定结果表明，各组的层序、岩性、沉积特征以及古生物群分布均可与华北其他地区对比。总厚 431~525 m。

1）下寒武统

馒头组：底部为紫褐、紫红色薄层砂屑泥晶灰岩、含白云石内砂屑、砂屑灰岩与泥质粉砂岩、页岩互层，在武安仙庄一带则为浅灰色薄层含燧石结核微晶白云岩，泥质粉砂质微晶白云岩及紫红色钙质页岩，本组最底部常以一层黄褐色含砾细-粗粒石英砂岩与下伏的长城系常州沟组分界，上部局部含石盐假晶；中、下部为浅黄绿色薄层-中厚层含白云石粉砂屑灰岩及肉红色薄层白云石砂屑泥晶灰岩，夹土红色内砂屑钙质页岩；中上部为紫红色薄-中厚层钙质、粉砂质白云质泥岩，内砂屑、砂屑粉晶灰岩与含粉砂屑粉晶白云岩互层，夹紫红色薄层内砂屑粉晶钙质页岩；顶部以一层厚 3.5 m 黄灰色夹紫红、黄绿色中厚层含方解石粉晶白云岩与上覆地层分界。厚 27～51 m。

毛庄组：下部为暗紫、紫红色页片状、板状粉砂屑粉晶钙质页岩，夹少量紫红色薄、中厚层泥晶灰岩、粉红色薄层白云质细晶灰岩及钙质页岩，含有石盐假晶；上部为富含化石的深灰色厚、巨厚层含骨屑、砂屑包粒泥晶灰岩和竹叶状内砾屑钙质粉晶白云岩、灰色薄层生物碎屑、砂屑灰岩、暗紫色云母页岩、巨厚层白云岩化含海绿石砂屑内砾屑粉晶灰岩，缝合线发育。鼓山一带中下部几乎全由粉砂屑粉晶钙质页岩、云母页岩组成；顶部则有鲕粒灰岩等各种灰岩、白云岩，因处强烈氧化环境，多为紫红色。厚 42～61 m。

2）中寒武统

徐庄组：下部为猪肝、紫红色页片状含粉砂屑泥屑粉晶钙质页岩、云母页岩；中部为暗紫、猪肝色页片状云母页岩夹黄绿色页岩、灰紫色薄层含粉砂屑粉晶灰岩、紫红色中厚层含铁质角砾状粉晶灰岩，黄绿色薄层含海绿石钙质岩及钙质砂岩；上部为深灰色中厚-厚层鲕状粉晶灰岩、粉晶灰岩及黄绿、浅黄绿色中-厚层，薄层泥屑灰岩及少量粉砂泥屑钙质页岩。在鼓山一带上部黄绿、暗紫色粉砂屑、泥屑粉晶钙质页岩明显增多，同灰岩呈互层。厚 74～148 m。

张夏组：底部以灰色薄层板状粉晶灰岩或鲕粒粉晶灰岩同下伏徐庄组分界；下部为浅灰-灰色巨厚层状含内砾屑假鲕粒白云质粉晶灰岩，鲕粒粉晶灰岩夹有薄层内碎屑灰岩；上部为褐黄色-深灰色中厚层含泥质花斑、生物碎屑叠锥状、鲕粒白云质粉晶灰岩及泥晶灰岩，局部地区顶部为含藻灰岩，地貌为大陡坎。该组鲕粒粉晶灰岩含量较高，顶部叠层发育。厚 158～159 m。

3）上寒武统

崮山组：底部为黄绿色薄层粉砂屑钙质页岩及细粉晶灰岩与下伏地层分界；下部薄板状灰色泥质条纹粉晶灰岩夹灰色中厚层白云质粉泥晶灰岩、鲕粒粉晶灰岩及竹叶状内砾屑灰岩；上部为中厚层-薄层泥质条纹粉晶灰岩和白云粉晶灰岩交互出现，顶部见管状白云质泥晶灰岩。厚 40~48 m。

长山组：下部为灰色薄板状夹中厚层粉晶灰岩，竹叶状内砾屑白云质粉晶灰岩，局部泥质条带粉晶灰岩；上部为灰紫色的竹叶状内砾屑粉晶灰岩，夹黄绿色页岩。竹叶状内砾屑具红色晕圈。鼓山一带底部以一层粉红色介壳灰岩与下伏地层分界。厚 17~34 m。

凤山组：底部以浅灰色薄层细晶灰岩与黄绿色页岩互层与下伏地层分界；下部为灰岩、薄板状粉晶灰岩、泥质条纹细晶灰岩、竹叶状砾屑粉晶灰岩夹鲕状粉晶灰岩及黄绿色页岩；中部为灰色中厚、巨厚层花斑状细晶白云岩、泥质条纹鲕状细晶灰岩；局部见生物碎屑灰岩、大涡卷灰岩；上部为深灰、灰色厚层、中厚层中晶白云岩，含泥质花斑，夹薄层淀晶粗晶白云岩，局部含铁镁质结核。厚 74~112 m。

4.奥陶系

奥陶系广泛分布于武安盆地以西大部分山区如蔡村、矿山、固镇、磁山、阳邑、符山一带和鼓山、和村等地。该系同下伏寒武系为连续沉积，顶部则以中统直接与中石炭统平行不整合接触。属一套碳酸盐相地层，下统为单一的白云岩相，厚度明显变薄，化石罕见或绝迹，同唐山层型剖面具明显差异；中统层序更为齐全，上部出现了峰峰组更新层位，各组段间可分性良好，接触关系清楚，化石丰富。尤其是中、下统间平行不整合明显，该统下部均发育伴生石膏等盐类的角砾岩层，也是具有很大工业意义的邯邢式铁矿控矿岩层。奥陶系总厚 700 m左右。

下统自下而上划分为冶里组、亮甲山组。

冶里组：下部为浅灰色薄层至中厚层粉、细晶白云岩，含有黄色泥质条纹，其上局部地段夹一层紫红色中厚层白云岩；上部为浅黄色中厚层夹薄层细晶白云岩，含硅钙质条纹及少量结核。本组在南部地区尚见夹有内砾屑粉晶白云岩。自南向北由薄变厚，厚度为 12~34 m。

亮甲山组：下部为灰色、浅灰色薄-中厚层含不连续白色燧石条带、结核的细晶白云岩、硅质内碎屑白云岩或硅质细晶白云岩，夹有褐红色角砾状铁质层和一层厚 10 余厘米的灰白色燧石层；上部为灰色薄-中厚层含少量燧石条带细晶白云岩、燧石减少，顶部为浅灰、灰白色薄至中厚层钙质细晶白云岩。风化面具黑色调，其中夹有内砂屑粉晶白云岩。本组厚度变化大，为 42~72 m。

中统自下而上划分为下马家沟组、上马家沟组及峰峰组。除底部与下伏亮甲山组有一间断外，各组、段间均为整合关系。

下马家沟组：

一段：即通称的贾江页岩。底部以黄白色中厚层钙质石英砂岩或细砾岩与下伏地层分界。该岩层在本区不甚稳定，厚10~30 cm，可作为中下统分界标志。砾石呈棱角状，半滚圆状，粒径0.2~2 cm，紫色薄板状钙质粉泥晶白云岩，薄层状泥质粉晶灰岩。本段厚9~15 m。

二段：由褐黄、灰黄色中厚层粉晶内砾屑白云岩或角砾状含白云质泥晶灰岩、花斑状粉晶灰岩组成，横向变化较大，有时相变为白云质灰质泥晶角砾岩，局部为黄红色。砾石为深灰色泥晶-结晶灰岩，多为次棱角状，少量棱角状，胶结物为黄色泥钙质，砾径多为2~5 cm，大者30~40 cm，经风化溶蚀常呈蜂巢状孔洞；上部为深灰色泥晶角砾岩、补丁状泥晶灰岩，砾石成分为粉晶灰岩，次棱角状，砾径多为2~5 cm，钙质胶结，一般致密坚硬，局部含石盐假晶泥灰岩。本段厚6~23 m。

三段：底部为灰白色薄、中厚层石膏假晶的泥晶灰岩；下部为深灰、灰色厚层夹薄层蠕虫状白云质泥晶灰岩、灰岩。前者局部具泥质条纹，后者有时见石膏假晶；上部为厚层、中厚层含白云石泥晶灰岩、粉泥晶灰岩，泥质花斑泥晶灰岩、鸟眼泥晶灰岩、夹有两层以上杂色角砾状泥晶灰岩、薄层粉泥晶白云质灰岩。本段厚86~130 m。

上马家沟组：

一段：为黄灰、红色中厚层角砾状含白云质粉晶灰岩，钙质含砂白云质角砾岩，夹薄层白云质泥晶灰岩，细粉晶白云岩。层理不清楚，具蜂巢状及立方体孔洞，洞中常充填方解石。主要由白云质泥晶灰岩组成大小不规则的角砾，钙质泥晶胶结，含泥质；在角砾之中可见充填方解石细脉，未通过胶结，角砾岩为后生作用产物。本层厚45~80 m。

二段：下部为灰-深灰色中厚层夹厚层泥粉晶灰岩、生物碎屑泥晶粉晶灰岩和花斑泥粉晶灰岩，含有燧石结核、短条带和硅钙质结核；上部主要为灰色中厚层花斑粉晶灰岩、生物碎屑粉晶灰岩夹薄层白云质凝块泥晶灰岩，泥晶灰岩亦含有燧石结核。本段岩石中花斑大量出现，断续沿层面分布，突出层面，甚为特征。本段厚56~122 m。

三段：底部浅灰、灰红色薄层微白云黏土质泥晶灰岩、生物碎屑泥晶灰岩夹粉晶角砾状泥晶灰岩；中部灰黄、黄黑色白云质泥晶灰岩，中厚层白云质粉晶岩，含生物泥晶灰岩，含石膏、石盐假晶泥灰岩夹数层粉晶角砾状灰岩、白云质泥晶灰岩。岩石中含有燧石结核、石膏假晶及头足类化石；顶部为灰、灰黄色厚夹中厚层白云质泥晶灰岩、泥晶灰岩、鸟眼状泥晶灰岩及内砂屑、泥晶灰岩夹角砾状灰岩。本段厚 86~141 m。

峰峰组：

该组上覆于中石炭统本溪组，与本溪组呈平行不整合接触；下伏上马家沟组二段，为连续沉积。本组厚 124~315 m。可划分为两个段。

一段：为灰白、黄褐色，局部为杂色中厚-厚层角砾状白云质粉晶灰岩、角砾状泥晶灰岩及含凝块细粉晶灰岩。中部常夹有灰色中厚层泥晶灰岩、浅粉色粉晶云灰岩，角砾成分为钙质及白云质，中下部含石膏、石盐假晶，局部地段深部见似层状石膏矿体。有时见胶结物贯入角砾裂隙中，证明角砾未经任何搬动，岩石因受溶蚀常具蜂窝状构造。本段厚 35~80 m。

二段：本段岩性空间上有比较明显变化，在测区西部主要为深灰色巨厚-中厚层泥晶灰岩，含生物碎屑粉晶灰岩、花斑状泥晶灰岩夹有薄层泥晶灰岩和内砂屑粉晶灰岩，多数灰岩质地极纯，为电石灰岩原料。局部地段上部为层纹状泥晶灰岩；但在测区北部则主要为灰、浅灰色中厚、厚层泥晶灰岩、花斑灰岩、白云质细晶灰岩夹有深灰色层纹细晶灰岩和沥青质炭质泥晶灰岩。该段岩石内常见有铁硅质结核，可作为辨认标志；局部地段见有白云质钙质条带。方解石脉、溶蚀沟槽甚为发育。本段厚 89~235 m。

5. 石炭系

区内石炭系均为海陆交替相沉积，含有几层不稳定的灰岩和重要的可采煤层。沉积厚度自南向北逐渐加厚，一般在 100~180 m，反映了海水自东北向西南入侵的总趋势。由于洪山岩体的影响，地层轻微变质，见有角岩化、硅化等现象。

中统本溪组：

该组地层分布零星，厚度不大。与奥陶系峰峰组呈平行不整合接触。其岩性主要为灰白色、黄褐色薄-中厚层铝土质页岩、深灰色粉砂岩，夹一层不稳定的石灰岩及不可采煤 1~2 层，局部夹少量石英砂岩，底部为灰色褐铁矿化云母黏土岩、铝土质页岩和山西式铁矿透镜体。厚度大于 10 m。本组厚度变化较大，有由南向北逐渐增厚的趋势，所夹灰岩层厚度和层数亦由南向北增厚、增多。本区南邻峰峰一带厚 5~20 m，一般无石灰岩夹层；邯郸武安一带厚 10~35 m，夹不稳定石灰岩一层；本区北邻邢台内邱一带厚 15~45 m，夹石灰岩 1~3 层。

上统太原组：

太原组为海陆交替沉积相的含煤建造，与下伏本溪组为连续沉积。主要岩性为灰-灰黑色炭、泥、铝土质粉砂岩及砂质泥岩和炭泥质页岩，夹 2~7 层石灰岩，含煤 2~12 层，局部夹铁砂岩或不稳定的褐铁矿。厚 100~140 m。

这套地层在区内变化比较大，特别是其中所夹的海相灰岩相变或尖灭都较明显，在紫山剖面地表仅见两层，而在康二城煤矿钻孔中多达 7 层，自下而上当地煤矿依次称为：下架灰岩、大青灰岩、中青灰岩、小青灰岩、伏青灰岩、野青灰岩和一座灰岩，其中大青、伏青和野青灰岩较稳定，可做标志层，小青灰岩发育次之，下架灰岩、中青灰岩与一座灰岩最不稳定，大多缺失。从整体看，所夹石灰岩在本区南部比北部较发育。

6. 二叠系

区内二叠纪地层分布广泛，比石炭系厚度大，出露宽。武安郭二庄、矿山村、和村、康二城、邑城、鼓山一带均有零星露头，峰峰大淑村及紫山地区出露较全。二叠系主要为过渡相沉积与陆相沉积，总厚度 900 m 左右。

二叠系下统：

山西组：本区山西组为以过渡相为主、陆相次之、无正常海相沉积的含煤建造，是在晚石炭世海退后的滨海环境下沉积的。与下伏太原组为连续沉积。其岩性主要为灰黑色砂质、炭质页岩、泥岩夹深灰、灰黄色细砂岩及少量不稳定的中、粗粒砂岩，含煤 2~6 层，其底部为中粒长石砂岩或含砾粗砂岩。厚 50~85 m。山西组为本区重要含煤地层，其中产于下部的煤层厚度大且稳定，具有很好的工业价值。

下石盒子组：为一套纯陆相碎屑岩沉积，不含煤，与下伏山西组连续沉积。下部岩性为灰、黄灰、紫色等杂色中、厚层细砂岩、中粒砂岩夹页岩，底部以一层百余米的中粒石英砂岩与山西组分界；上部为深灰、浅灰及紫灰等杂色硬砂岩、泥质粉砂岩夹铝土质页岩。中上部有一层灰黄色铝土质泥岩，具紫色斑点及鲕状结构。本组岩性较为稳定，可作为标志层。厚 135 m。

二叠系上统：

上石盒子组为一套碎屑岩地层，不含煤，与下伏下石盒子组连续沉积。岩性主要为褐色、砖红色砂岩和粉砂岩类，岩性单一，按其岩性以及所夹较稳定的粗粒石英砂岩可详细划分四个岩性段。

一段：下部为灰白、黄褐、黄绿、浅紫等杂色细砂岩与中粒砂岩互层，底部为粗粒砂岩或含砾粗砂岩；上部为灰白色砂岩夹黄绿色泥质粉砂岩及少量页岩。厚 169 m。

二段：下部为灰白色粗砂岩及页岩和泥质粉砂岩；底部以一层较厚的灰白色

粗粒含砾石英砂岩与一段分界，该砂岩顶、底部均含有铁质，呈褐红色，砾石成分为石英或玉髓等，岩石中矿物颗粒较粗，易风化，较为松散；上部为页岩、泥质页岩夹砂岩。厚 78 m。

三段：主要为黄绿、砖红色薄-中厚层粉砂质泥岩夹灰白色含砾石英粗砂岩或砂岩、页岩互层，泥岩中含红柱石、铁质及蛋白石等，底部以一层较厚的灰白色中厚层粗粒含砾石英砂岩与二段分界。厚 132 m。

四段：主要为灰白色细-粗粒砂岩和灰绿、灰紫、灰白色中、粗粒砂岩。在紫山、焦窑一带则以粉砂质泥岩及粉砂岩为主。成层良好，底部为杂色厚层含玉髓粗粒石英砂岩与三段分界。厚 147 m。

石千峰组：本测区该组主要分布在紫山东侧的新安村、北李庄、康二城煤矿西侧及武安、赵店一带的平缓低洼地带，出露零星。与下伏上石盒子组连续沉积。岩性底部以一层 7 m 左右的灰白色厚层中粗粒长石石英砂岩与下伏上石盒子组分界，岩石较松散，局部含砾，地貌特征明显；下部为灰褐、灰黑色及蓝灰、暗紫色中厚层至薄层粉砂岩、砂岩夹含泥长石砂岩，砂岩层面分布有瘤状钙质结核；中部为灰紫、暗紫、深灰色薄层页岩夹两层褐黄色含燧石斑杂状砂质细晶岩或泥灰岩，有的地区相变为灰紫色灰岩；上部为红紫、灰黑及黄褐色中厚-薄层页岩、粉砂泥岩及砂岩，多含有绢云母碎片；顶部为一层灰色中厚层含燧石、砂、黏土质灰岩与上覆二叠系刘家沟组分界。厚 172~250 m。

本组所夹淡水灰岩或泥灰岩由南向北层数递减，厚度逐渐变薄，在南邻漳河一带夹灰岩 10 余层，厚 35 m；峰峰大淑村一带夹 7 层，厚 20 m；往北至武安紫山，东、西马项一带为 3~4 层，厚 10 m 左右；至北邻临城一带减少到 2 层，其厚度仅为数米。

7. 三叠系

本测区三叠纪地层发育较差，分布零星，仅在测区东海佛山、洛山及流泉一带出露，一般多残缺不全，所见地层为下统刘家沟组、和尚沟组及中统流泉组。

刘家沟组：主要为暗紫，浅紫红色中-厚层细砂岩、砂岩及少量粉砂岩，砂岩、细砂岩中含同生砂质球砾，定向排列明显。而在佛山一带其岩性则为长石砂岩。细砂岩夹多层不稳定的粉砂、白云质泥灰岩及少量页岩，泥灰岩中含页岩砾石或同生泥灰质圆砾，圆砾在层面上呈疙瘩状突出，似佛珠状。与下伏石千峰组连续沉积。厚 530 m。

和尚沟组：主要为紫红色、暗紫色层板状与细砂岩、含钙质石英砂岩、粉砂岩夹暗紫色薄片状页岩，底部为一层紫红色页岩。与下伏刘家沟组连续沉积，厚

234 m。

流泉组：本区该组标准剖面地点位于峰峰矿区北部的流泉村北0.5 km，零星出露于黄土冲沟之中，在北李庄东部常赦一带也有分布。与下伏和尚沟组接触，呈短暂的沉积间断。岩性较为单调，为一套中-中厚层黄色细砂岩夹中粒长石砂岩及页岩，砂岩具有明显交错层理，底部见含页岩角砾的黄绿色细砂岩，其页岩角砾呈碎片状，系下伏和尚沟组的暗紫色页岩。厚106~225 m。

8. 白垩系

区内白垩纪地层为一套碱性火山碎屑岩系，分布于永年区与武安县交界的娄里村及康宿一带的洪山岩体南北两侧，面积约3 km²。

这套火山碎屑岩系均归属洪山碱性杂岩体内，通过剖面测制和综合分析，命名为娄里组。同位素年龄值为1.08亿年，时代属早白垩世，并根据岩性特征将其划分为两段。

一段：主要为黄褐、灰粉色粗面质晶屑凝灰岩，夹有粗面质含角砾凝灰岩及粗面质凝灰熔岩，成层性好，被燕山期第二阶段第二次黑云辉石正长岩侵入，未见底，厚度大于223 m。

二段：以灰白、灰紫、黄灰粗面质含角砾凝灰熔岩为主、夹有粗面质凝灰岩和粗安质凝灰熔岩，角砾成分多为粗安质，呈现黑色，棱角清楚，被洪山岩体侵入或隔离，未见顶。厚度大于521 m。

9. 第三系

中新统彰武组：该组分布于鼓山东侧及武安—沙河一带的山区与平原衔接地带，为一套不整合于二叠系或三叠系之上的河、湖相碎屑岩沉积。大多被第四系覆盖，只在沟谷中见零星露头。其岩性主要为紫、黄褐、黄绿、浅黄色黏土岩，粉砂岩夹含砾砂岩及少量不稳定的砂岩和砾岩，岩石呈半胶结状态，砾石成分多为二叠系砂岩。厚度大于109 m。

10. 第四系

区内第四系较为发育，约占测区总面积的四分之一。主要分布于西部的山间盆地、河谷两侧、山前丘陵及东部山前平原广大地区。本区下更新世至全新世均有堆积物形成，且成因类型繁多。一般西部山区较薄，东部山前平原地带较厚，且分布广泛。现分述如下：

下更新统：

火山堆积：火山堆积仅见武安县阳邑村南北两处孤立零星露头，出露总面积不足 0.2 km²。其下部岩性为灰色致密块状玄武岩，柱状节理发育，呈球状风化。上部为灰红色气孔状玄武岩，少数气孔被次生方解石充填成杏仁状构造，气孔呈水滴状，呈定向排列，大头指向南东，显示了岩流的流动方向。其成分为辉石、基性斜长石和少量橄榄石，橄榄石已伊丁石化。该玄武岩被上更新统黄土覆盖，其下伏地层不详，厚度大于 7 m。

冰积泥砾层：主要分布于山前丘陵地带，构成现代河床的Ⅱ级阶地或Ⅰ级夷平面，形成泥砾垄岗地形。岩性为一套紫褐色黏土、砾石混杂堆积，砾石以石英砂岩及石英岩为主，其次为灰岩、泥灰岩、燧石等，砾石表面具铁、锰薄膜，呈滚圆状，大小悬殊，最大可达 100 cm，最小者仅似豆粒，一般为 30~50 cm，局部见巨大漂砾散布于垄岗之上，砾石分选性差，只有冰川动力结构，如压裂、压坑、膝形弯曲等现象。胶结物为不太紧密的紫红、棕黄色黏土。

泥砾层不整合于基岩之上，被中更新统红色黏土覆盖。构成平行山脉走向的垄岗地形。厚度 5~62 m。

中更新统：

残坡积层：主要分布于山坡和低山丘顶，不整合于下更新统冰积层或更多的地层单元之上，被上更新统黄土不整合覆盖。岩性为砖红、黄红色黏土，含基岩碎块及钙质结核，黏土黏性较大，局部见褐红色古土壤层。该层系基岩受化学风化及物理风化作用残留堆积而成，同时又受重力作用由高到低缓慢而又不停地堆积，一般厚度不大，为 0.1~6 m，因厚度小，多被上更新统黄土覆盖，出露面窄。

上更新统：

洪积、坡积层：分布于山麓与平原的接壤地带及山间盆地和河流上游Ⅱ级阶地上，覆于中更新统残、坡积层或基岩之上，其上部岩性为黄、浅黄色黄土状亚黏土、亚砂土，夹不稳定砾石层及岩屑，局部含少量钙质结核；下部为棕黄色黄土状亚黏土夹少量基岩碎块及泥质结核，含较多蜗牛化石。可见厚度为 3~35 m，一般大于 25 m。

洪积、冲积层：分布于山麓边缘地带及山间盆地。形成Ⅱ级阶地，在山边成新月形，河两岸为长舌状，在山麓边缘形成黄土陡坎或雨裂冲沟，系线形流水及面形流水综合作用产物，主要为黄土状亚砂土、亚黏土夹砾石层，黄土状亚黏土为灰黄色或稍带红色，且具粗糙层理，垂直节理发育，多见钙质管状结核，所夹砾石层为似层或凸透镜状。砾石成分以灰岩为主，磨圆度及分选性均很差，厚度大于 79 m。

全新统：

洪积、冲积层：分布于河床两侧和广大平原。构成不对称Ⅱ级阶地，高出河漫滩1~3 m，具二元结构，底部为砂砾层，砾石成分主要为各种类型砂岩，其中以石英岩为最多，呈滚圆状，大小不等，上部为黄褐色亚砂土、砂土，顶部为腐殖土耕地。该堆积层总体顺河水流向缓倾斜，厚度加大。就本区而言，山区厚度较小，一般为2~25 m。平原区大于70 m。

冲积层：主要分布于现代河床及古河道、河漫滩等处，为砾石、砂、淤泥及黏土等组成。沉积物由西向东粒度变细，层细和交错层理清楚。可见厚度大于5 m。

2.2 区域构造

本区位于华北板块中部，山西断隆武安凹陷区，东邻太行山断裂带。断裂及褶皱均以北北东向为主，明显具中生代滨太平洋域构造特征。

2.2.1 断裂构造

根据航空磁测资料和野外观察推断，在本区和相邻地区，推断有三条隐伏的东西向或北西西向的基底断裂带。即邢台基底断裂带、矿山基底断裂带和磁山基底断裂带(图2-2)。这些隐伏的基底断裂带与古西伯利亚板块的活动方向一致，受古西伯利亚板块向南俯冲活动的控制。而它们在燕山期又恢复活动，故于东西方向上控制着燕山期的岩浆活动。

本区的东侧为北北东向的大兴安岭—太行山深断裂带。该断裂带与太平洋板块的活动吻合，形成于中生代，新生代持续活动。它是华北大陆裂谷带的西缘边界深断裂带，与太平洋板块活动有着密切的成因联系。另外，本区内北北东向的紫山、鼓山、矿山、丛井、涉县等断裂带，控制着本区的成矿岩浆岩的分布。这些断裂带是大兴安岭—太行山深断裂带的派生产物。它们与华北大陆裂谷带以及次一级武安等断陷盆地同属在一个巨大拉张应力场中的张性构造带。

2.2.2 褶皱

褶皱是本区重要的控矿构造，褶皱类型包括背斜、向斜、倒转背斜、倒转向斜以及更小的次级褶皱，背斜、向斜往往相间排列。当岩浆侵位上升时，地层受力变形，其底面(与岩浆接触面)的背斜部分受压应力，向斜部分则受张应力；而

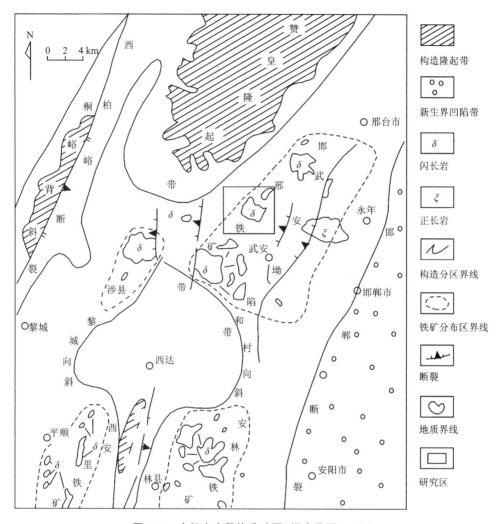

图 2-2　太行山南段构造略图(据李黎明，1986)

顶面则相反，背斜部分受张应力，向斜部分受压应力，于中和面造成层间滑动和破碎。含矿流体随应力向阻力小的背斜轴部附近流动，由于背斜轴部附近、层间滑动破碎带是有利的容矿空间，因此这些部位往往富集成矿(图 2-3、图 2-4、图 2-5)。

褶皱总体呈北北东向，与岩体展布方向一致，与侵入体隆起形成的"守隆状"构造相符合。但是在一些侵入体的瘤状突起周围，褶皱构造常常围绕岩体呈弧形分布，轴向与侵入体和围岩的接触界面一致。这种类型的褶皱是侵入体强力就位的一种表现方式，同样是重要的容矿构造，说明岩浆活动、地层褶皱以及成矿作

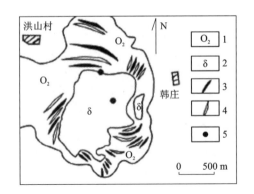

1—中奥陶统；2—闪长岩；3—背斜；4—向斜；5—铁矿。

图2-3　侵入岩体周围弧形褶皱

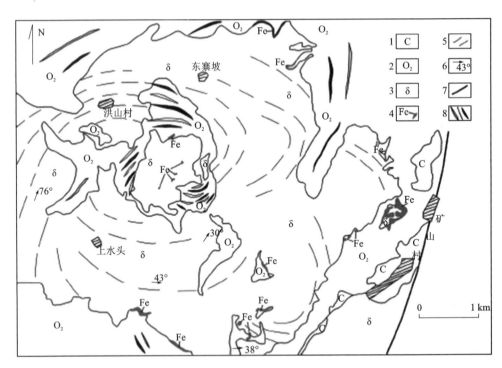

1—石炭系碎屑岩；2—奥陶系碳酸盐岩；3—中生代闪长岩类；4—铁矿体；

5—矿物流线走向；6—矿物流线倾角；7—断层；8—向斜/背斜。

图2-4　矿山村矿区岩体侵位构造示意图

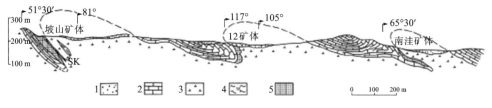

1—第四系；2—中奥陶世碳酸盐岩；3—闪长岩；4—矽卡岩；5—铁矿体。

图 2-5　纂村矿川褶皱控矿构造特征

用往往是相伴进行的(图 2-4)。

2.2.3　深部构造

河北省深部地质构造为三层结构，最上一层为沉积盖层，为中上元古界到第四系，最大厚度达 12000 m；第二层为花岗质层(或称硅铝层)；第三层为玄武质层(硅镁层)；再往下为上地幔(超硅镁层)。

冀京津莫氏面等深线及深部构造分区图(图 2-6)反映了河北省大体可分为 4 个深部构造区。分别为：恒山—坝上高原幔坳、太行山幔坎、燕山幔坎和河北平原幔隆。

邯邢矽卡岩铁矿成矿区位于太行山幔坎南部，该幔坎是我国东部大兴安岭东麓—太行山的重力梯度带(或地壳厚度陡变带)的组成部分。地表相应部位表现为一宏伟的深断裂带，并明显地控制着东、西两侧地层的发育和壳、幔结构特征。该带宽 80~150 km，下降相对高差 3~5 km。北京以南，该带基本与太行山脉或太行山深断裂带相对应，东界大体为山区与平原的分界线，北京以北，因受燕山东西向构造带的干扰，走向偏东，宽度加大，西界大致在赤城—丰宁一线，东界在兴隆—平泉一带。

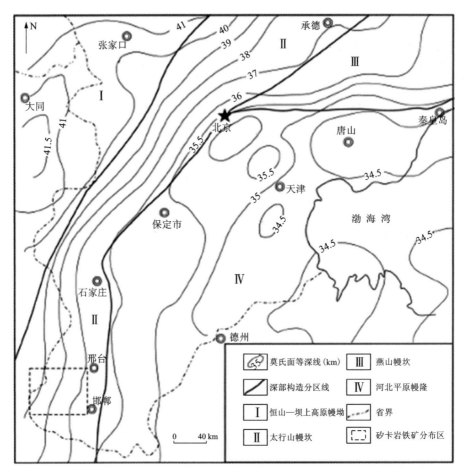

图 2-6 冀京津莫氏面等深线及深部构造分区图(章百明等，1996)

2.3 岩浆岩

中生代燕山期岩浆岩分布广泛，多为岩株、岩床及岩脉组成的杂岩体，与矽卡岩铁矿关系极为密切。侵入岩大多呈岩盖、岩床和小岩株产出。岩体规模不大，空间上由西向东组成 3 个近平行的岩浆岩带，呈北北东向串珠状分布。分别组成符山杂岩体、武安杂岩体和洪山杂岩体(图 2-7)，前两者为本区矽卡岩型铁矿重要的成矿母岩，目前尚未发现与洪山杂岩体有关的有工业价值的矿产。

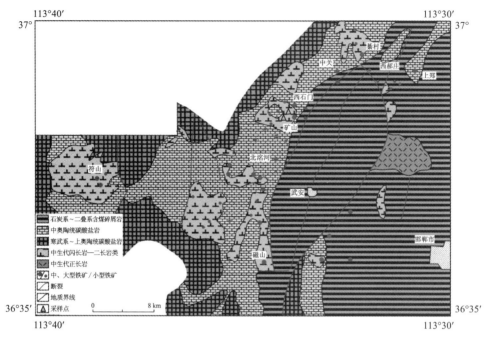

图 2-7 河北邯邢地区侵入岩系分布图(据许文良, 1990)

由于该矿区矿产资源丰富, 岩石类型比较齐全, 很早就引起了地质界的高度重视。因此, 侵入岩的研究程度也很高。早在 20 世纪 80 年代初沈保丰等(1980, 1981)就提出了可以将该区侵入岩类划分为辉长闪长岩-角闪闪长岩系、闪长岩-二长岩系、碱性正长岩系等三大岩石系列的观点, 并认为它们是同源岩浆演化的产物。此后, 众多学者又做了更为详尽的研究。通过这些研究工作, 对该区侵入岩属于不同岩浆演化系列的观点基本上得以确立。尽管对各岩石系列的成因联系有一定的分歧, 但对该区岩石系列和岩浆活动阶段的划分基本上取得了较为一致的认识。

为了确定各岩浆事件(岩浆活动阶段)的时间界线, 罗照华等(1999)收集处理了有关该区侵入岩类的 46 个同位素测年数据, 并做了简单的统计处理。这些同位素年龄分布在 69 Ma~177 Ma, 在频率分布图上形成两个较明显的峰值区间, 即 108 Ma~120 Ma 和 144 Ma。尤其是以晚侏罗世和早白垩世早期为甚, 110 Ma~165 Ma 区间的数据占所收集数据的 74.91%。不管这种分布特征所代表的真实地质含义如何, 从同位素定年数据的统计分布特征来看, 以大约 140 Ma 和 120 Ma

为界将区内主要侵入岩类划分为早、中、晚三期还是比较肯定的。

2.4　区域矿产

邯邢地区众多盆地内广泛分布煤系地层，煤质甚佳；闪长岩类侵入体与灰岩的接触部位形成了许多具有工业价值的矽卡岩型富铁矿；其他还有黑色辅助原料石灰石、耐火黏土矿等。

第 3 章　矿区地质概况

3.1　玉泉岭铁矿区概况

3.1.1　交通位置

邯邢冶金矿山管理局玉泉岭铁矿区位于河北省武安市西南 10 km 处，即武安市午汲镇玉泉岭村东侧，东距邯郸 40 km。地理坐标：东经 114°8′；北纬 36°42′，绝对标高 240~275 m。

矿区内有专用铁路与邯长铁路在午汲车站连接。邢都公路从矿区侧面通过，309 国道与矿区连通，新公路复线正在建设中，交通十分便利。

3.1.2　经济地理情况

区域内人口较多，以农业为主，农作物多为棉花；本区煤田南北分布较广，从事工业活动的人数较多，人们生活较为富裕。

据 1955 年统计资料显示，本区气候属于大陆性气候，降雨稀少。

玉泉岭铁矿区地形较为平坦，其西部 5 km 为山区，东部为黄土覆盖的武安盆地，区内冲沟较为发育，但切割不深。矿区中有平行矿体走向的冲沟，自矿体露头部分开始，东西延伸，深 10 余 m，底宽 10~15 m。矿区露头很少，多为黄土覆盖。

3.1.3　地质勘探史、开发史

1. 地质勘探史

1956—1958 年，冶金部华北地质分局组织普查队进入武安一带进行勘探，

1958 年末提交了《河北省武安县玉泉岭铁矿区水文地质勘探总结报告》，探明铁矿工业储量 533.9 万 t，其中：矿区+210 m 水平标高以上储量为 173.3 万 t，+210 m 水平以下南矿体 330.7 万 t，北矿体 29.9 万 t。

1966—1969 年，邯郸矿山公司地质队对该矿体进行了生产勘探工作。施工钻孔 45 个，进尺 2799.65 m，增加储量 90.3 万 t。

1969—1971 年，邯郸矿山公司地质队在前两次勘探的基础上，对该矿体再次进行了勘探，施工钻孔 17 个，进尺 3883 m，增加储量 129.6 万 t。

在矿山生产过程中，以坑下钻探为主进行以储量升级为重点的生产勘探，共施工钻孔 261 个，进尺 9589.91 m，增加储量 0.3 万 t。截至 2000 年 6 月底，全矿区累计探明储量 846.5 万 t。其中：

（1）南矿体 724.2 万 t（包括矿区+210 m 水平以上）。工业储量 719.3 万 t，远景储量 4.9 万 t。

（2）北矿体 122.3 万 t。北矿体于 1987 年作为邯郸市扶贫项目，已独立办证开采。

2. 开发史

1958 年，为开发玉泉岭矿体，根据邯郸采矿公司的要求，组成了玉泉岭铁矿筹建处，进驻玉泉岭村。

1959 年，东梁庄铁矿与玉泉岭铁矿合并。同年 7 月，按上级指示，前期所建矿山及设备全部移交河北省公安厅新生铁矿。

1963 年 8 月，新生铁矿又划归邯郸采矿公司。接管后，邯郸采矿公司委托鞍山设计院，对+210 m 水平标高以上矿区做了露天设计工作，开采标高+210 m～+255 m，年生产规模 12 万 t，人工开采，服务年限 14 年。于 1964 年开始基建，1965 年 10 月投产，1975 年底结束。露天共采出铁矿石 242.7 万 t，折合储量 231.6 万 t。

1969 年，鞍山设计院对井下开采做了初步设计，采用斜井开拓方式，年生产能力 20 万 t。井下开采于 1970 年 3 月开始基建，1975 年底开始生产，到 2000 年 6 月末结束，井下共采出铁矿石 472.9 万 t，折合储量 387.7 万 t。

矿山进入末期，邯邢冶金矿山管理局玉泉岭铁矿部门对残留矿量组织了手工回采，回采残矿 27.1 万 t，折合储量 22.8 万 t。南矿体合计采出矿石 742.7 万 t，折合储量 642.1 万 t。

3.1.4 矿区地质特征

矿区内地层仅有中奥陶统地层和第四系黄土层，矿区外围有石炭系~二叠系煤系地层出露。灰岩体呈近东西向狭长分布，两侧及东部被闪长岩包围，下部为闪长岩托底，西部与大面积灰岩相连。构造主要是燕山期岩浆侵入灰岩中，形成岩体。矿体东端有一条断层。玉泉岭矿体产出于燕山期闪长岩和中奥陶统灰岩的接触带，属矽卡岩型铁矿床。接触带走向近东西，矿体分布于伸入岩体内灰岩顶端的接触带间，接触面倾向南，倾角大，变化大。

玉泉岭矿床由南矿体、北矿体、东矿体三部分组成。南矿体为主矿体，南北两个矿体在+250 m 水平标高处局部相连（如第 13# 勘探线），+240 m 以下分开。南矿体走向近东西，沿走向长 600 余 m，倾向南，倾角 50°~70°，平均厚度 35~45 m，最大厚度 81 m，矿体呈透镜状，矿体顶底板围岩分别为闪长岩和灰岩。

3.1.5 矿区地质

3.1.5.1 地层

本矿区地层出露简单，从老到新分别为中奥陶统灰岩（O_2），第四系黄土层（Q）。离矿区稍远可以看到石炭系耐火黏土和砂页岩层。分述如下：

中奥陶统灰岩（O_2）：本区灰岩呈东西向出露于矿区中部，倾角 40°~50°，倾向南，局部有小的褶皱。上窄下宽，呈狭长带状分布，向西与外围大面积灰岩相连通，为矿区的主要含水层。溶洞裂隙发育，水力联系较好，受火成岩侵入的影响，有相变现象，即矿体→大理岩→结晶灰岩→灰岩，颜色呈灰色、灰白色、黄白色等，岩性较破碎，构成矿体的底板。

在矿区 4~5 号勘探线间岩层向南北倾斜现象较为明显，倾角 50°~70°。灰岩多变质呈结晶灰岩，局部呈白色大理岩。

大理岩：变晶质结构，组成成分主要是方解石。在薄片中，方解石无色透明，表面呈云雾状，突起随方向变化，解理呈菱形。副矿物有磁铁矿，不透明黑色矿物。

结晶灰岩：灰色、暗灰色，成分主要为方解石。方解石有呈脉状侵入的，属于后期产物。副矿物有透闪石、玉髓等。

第四系黄土（Q）：黄土层在矿区范围内分布很广，位于砾石层上部，厚度20~30 m，砾石多为石英岩质，空隙被黄土充填。

3.1.5.2 构造

本区构造简单,在岩浆岩和灰岩接触处产生破碎带。构造有断裂和褶曲,断裂为主,褶曲次之。矿区西部小型褶曲呈帚状展布。矿区中部北东向断裂亦较发育,但在开采地段所见不多。在矿体的东端,有一个断层,但对矿体开采影响不大。

矿区未发现任何岩脉,岩石中的节理以北北东、南北向最为发育,倾角很大,80°~90°,这种节理是成矿后产生的。岩脉少这一特点也说明自岩浆侵入后,构造运动幅度小。

3.1.5.3 岩浆岩

本区岩浆岩属中生代,为中酸性闪长岩类,沿构造脆弱带分布。由于接触变质和岩浆分异作用,出现分相现象,即出现矿体→透辉石矽卡岩(或石榴石矽卡岩)→蚀变闪长岩→角闪闪长岩→黑云母角闪闪长岩的分带。

矿体顶板多为蚀变闪长岩,颜色呈灰白或灰绿色,以中粒结构为主,主要由斜长石和角闪石组成。节理发育,结构较松散,顶板不太稳固。矽卡岩不太发育,厚度不大,多为 1~3 m,零星分布在矿体顶板,以透辉石矽卡岩为主,质地较软。矿区未发现任何岩脉存在。

黑云母角闪闪长岩:本区分布普遍,易风化呈球状。肉眼观察岩石为灰黑色,矿物可见黑云母、角闪石、长石等。岩石具斑状结构,角闪石、长石呈粗晶出现。

角闪闪长岩:与黑云母角闪闪长岩呈渐变关系,一般出现在接触带附近,岩石结构属全晶质,中粒,半自形,其矿物成分与前者相比只是黑云母略少。

蚀变闪长岩:全晶质,半自形,不等粒状,由略呈斑状到斑状结构。主要矿物有中性长石、角闪石、透辉石、绿帘石、绿泥石、绢云母等。

透辉石矽卡岩和石榴石矽卡岩:矿区以透辉石矽卡岩为主,矽卡岩矿物主要有透辉石、石榴石、绿帘石,次生矿物有绿帘石、绿泥石、绢云母等。次要矿物为磷灰石、榍石。矽卡岩紧邻矿体呈透镜状,矿体直接与灰岩接触。

3.1.6 矿体特征

玉泉岭矿区包括三个矿体:南矿体、北矿体及东矿体。其中以南矿体最大。

南矿体在地表分为不连续的东西两端,深部合二为一,沿岩浆岩与中奥陶灰岩接触带东西向分布,长约 500 m。北矿体长约 300 m,东矿体长约 65 m。矿体位于适于侵入岩体的灰岩的顶部,因灰岩顶部接触面向南倾斜,所以北矿体顶板为灰岩，底板为岩体，南矿体则相反。

本区矿体主要有以下几个特点：

(1)矿体沿岩体与结晶灰岩的接触带分布，其空间位置主要是在透辉石矽卡岩与结晶灰岩之间，呈不规则的透镜状和链式的不规则透镜体(如南矿体的东段和西段)，局部伸入结晶灰岩中。

(2)北矿体和南矿体的西段是处于接触带相对应的部分，北矿体陡，延伸的最大标高达 109.5 m；南矿体倾斜较小，延伸较大，绝对标高 10 m。

(3)矿体逐渐向 8 号勘探线倾伏，其东西两部分矿体上部多被侵蚀出露。北矿体与南矿体于 9 号勘探线处合二为一，呈一不对称的鞍状矿体。二者被认为可能是同一矿体，后受某种因素影响而分开。

3.1.7　矿石质量及富集规律

3.1.7.1　矿石矿物成分

(1)玉泉岭南矿体中的主要矿石矿物有磁铁矿、赤铁矿、黄铁矿、黄铜矿等。脉石矿物有透辉石、透闪石、绿泥石、阳起石、方解石及石英、玉髓、蛇纹石等。

磁铁矿：铁黑色，具金属光泽，有强磁性，结晶完好的磁铁矿呈八面体，主要为他形晶，分布于矿体下部。

赤铁矿：由磁铁矿氧化后形成，褐红色，主要分布在矿体上部。

黄铁矿：铜黄色，具金属光泽，多呈六面体及块状体。

(2)矿石结构构造。矿石多为浸染状构造、块状构造、条带状构造。结构主要为自形、半自形晶粒状结构，他形晶粒状结构，交代残余结构等。

(3)矿石化学成分。主要有铁、镁、钙、铝等，有害成分有磷、硫等。铜、镍、钴在本区含量少。

(4)矿石工业类型。矿石工业类型主要有平炉矿、高炉低硫矿、高炉高硫矿、贫矿等，共 4 个工业类型。平炉矿、高炉低硫矿、高炉高硫矿主要分布在+210 m 水平标高以上，下部主要为贫矿。

3.1.7.2　矿石质量及富集规律

南矿体主要由原生磁铁矿组成，矿体平均品位 TFe 47.32%。矿石质量分布较均匀，全铁含量沿走向及倾向变化均不大，硫的含量在垂向上有所变化，即表现为上部低而下部高。

3.2 玉石洼矿区地质概况

3.2.1 玉石洼矿区区域地质

玉石洼矿区位于武安凹陷北西端，太行台拱的武安凹断折束之西。产于矿山闪长杂岩体的西南隐没端部，区域构造以两条北北东向大断裂(矿山断裂、从井断裂)和北西向褶皱构造为主，其中北北东向大断裂控制了燕山期成矿岩体的产出和武安凹陷西侧铁矿的展布。矿山岩体尖山村单元出露于矿区北部，围岩为中奥陶统地层。矿区前后经历的多次勘查及大量矿山生产资料揭露了矿区内地层单一，构造简单的特征(图 3-1)。

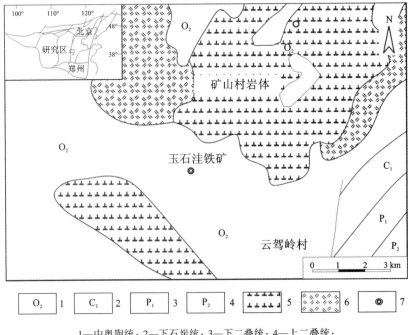

1—中奥陶统；2—下石炭统；3—下二叠统；4—上二叠统；

5—燕山期闪长岩；6—燕山期二长岩；7—铁矿。

图 3-1 玉石洼铁矿地质简图

3.2.1.1　地层

矿权范围内矿区地表被第四系广泛覆盖，仅出露中奥陶统灰岩，以及分布在山间沟谷中的冲刷面可见第三系砾石。各层简述如下。

1. 中奥陶统

中奥陶统地层是矿区主要出露地层，自尖山向西南东南均有出露，由地表侵蚀及开山工程揭露，矿山岩体自尖山向南延伸部分，均下伏于中奥陶统地层。由于岩体在尖山处向南转入南向倾伏，由惠兰村东至尖山西一线，该地层倾向逐渐由 SE 转变至 SW 向，倾角 17°～32°，一般为 22°左右。勘查揭露该层由纯灰岩、花斑状灰岩、白云质灰岩、泥质灰岩及角砾状灰岩构成。

本区纯灰岩与成矿关系最为密切，呈厚层状产出。

勘查报告显示，本区石灰岩上部溶洞发育，多见于矿区南部砾石层以下，小者呈蜂窝状，大者直径可超过 1 m，溶洞和裂隙间多充填有红褐色黏土。

灰岩厚度为 50～300 m 不等，矿体上覆灰岩厚为 100～200 m。

2. 第三系砾石层

砾石层广泛分布于矿区中部及南部，由南向北逐渐加厚，勘查资料显示厚度可由几米加厚至 180 m 以上，一般厚度在 40～100 m，砾石由不同粒度的卵石组成，胶结物为黏土，其中有时可见 1～5 m 的红褐色亚黏土层，砾石成分主要为石英砂岩及长石石英砂岩，磨圆度一般较好，分选较差，大小不一，直径可由几厘米变化到 1 m 以上。该层砾石多上覆于奥陶系灰岩之上，呈不整合接触。

3. 第四系

第四系在矿区内出露广泛，厚度自 1 m 到十几米不等，多为 2～6 m，由矿区北向南，厚度呈加厚趋势。该层地表向下 1～2 m 多系浅黄色土壤，较疏松，2～3 m 以下则多为赤褐色至黄褐色粒状硬塑状亚黏土，土层普遍夹有钙质结核。

3.2.1.2　构造

矿区主要构造系矿山岩体南西端、尖山南西及南东部分上覆灰岩所呈现的单斜构造，该构造连同闪长岩共同控制接触带展布及变化，进而控制铁矿产出及赋存位置、形态及产状。

另 7 线以南部分成矿接触带同时受次一级背斜构造的控制。

矿区内断层发育较少，在矿区北东 200 m 处，有东西向断层——惠兰村断层，该断层西延情况不明。据井下观察，在 +170 m 水平新下盘开拓巷内，以及福井南东 +150 m 水平入口处，发育大量角砾岩，加之在接触带南东向延伸至云驾岭矿体埋深陡降，可推出该断层西延后切主矿体南东端，造成主矿体南东端部分矿体断掩。另据推测在矿区北段沿火药库东侧南北向山沟内有一断层存在，延伸 1000 m 左右。

另据勘查，在矿体北部 B-2 线，CKC8 孔东侧有一倾向 185°，倾角 56°的平移逆断层，将出露的闪长岩切断，其水平位移约 10 m。在+350 m 水平坑道风井以南 18 m 处，也见一倾向 297°，倾角 73°的断层发育，将上述闪长岩切断。在+220 m 水平 9 线 CKB19 孔附近闪长岩内发现一断层，按其两侧钻孔和坑道揭露的矿层出露位置分析，应为逆断层。其次在各水平坑道和钻孔中也偶见小型错动和擦痕。

总体上矿区内所发现的断层均为成矿期后断层，破坏了接触带连续性，局部破坏矿体连续。

3.2.1.3 岩浆岩

矿区岩浆岩主要为燕山晚期中基性侵入岩，为矿山村岩体的尖山单元，该岩体北起册井，南到云驾岭、淮河沟，西至上焦寺，东到郭二庄，出露面积 35 km²。侵入亮甲山组、马家沟组、太原组。岩体与地层产状一致，走向北东，倾向南东，是一复杂似层状岩体，顶面弯曲波伏，与围岩整合接触，并见岩枝分叉插入围岩。岩体蚀变强烈，有绿帘石化、绿泥石化、钠长石化等，围岩有矽卡岩化、透闪石化、阳起石化。

矿区地表仅见强烈褪色蚀变闪长岩在矿区北西端呈条带状由北向南插入灰岩，直至矿区塌陷区北帮，以高角度隐没入灰岩，南帮未见出露。闪长岩主体多隐伏于接触带下，据勘查揭露闪长岩体在矿区内形态为缓斜状南向倾伏，部分地段起伏，形成凹凸面，高差可达 40 m。前期勘查揭示岩体有呈脉状顺层侵入到围岩裂隙内，局部出现与围岩斜交现象。

尖山岩体出露边部普遍出现矽卡岩化和碳酸盐化，岩体内也可见碳酸岩脉穿过。在接触带附近，因蚀变作用影响，闪长岩分带现象明显，由接触带向内，依次分布矽卡岩化闪长岩、蚀变闪成岩、闪长岩。

岩性主要为细粒闪长岩，呈灰白色，粒状到斑状结构，由斜长石（70%）、角闪石（15%）及少量钾长石（>5%）和石英等组成。斜长石个别结晶粗大，一般 0.5~1 mm。钾长石多呈镶边沿斜长石晶体生长。边缘相为闪长玢岩。

3.2.2 玉石洼矿床地质特征

玉石洼铁矿产于矿山闪长杂岩体的西南隐没端部，矿体经多次勘查及后期生产揭示，按矿体的赋存位置，整个矿床由北向南可分为 16 个单独存在的互不相连的矿体。

3.2.2.1　典型矿体特征

本矿 Fe1 矿体为主矿体(图 3-2),该矿体埋藏最深,规模最大,其长 1990 m,最宽处 510 m,一般水平投影宽度 300~450 m;矿体最大厚度 62.4 m,一般厚度 15~20 m。矿石储量 2648.17 万 t,占全矿总储量的 92.9%;矿体埋深 40~330 m,赋存标高 89~358 m,矿体呈 NW—SE 走向,倾向 SW,倾角较缓,一般多在 10°~25°。

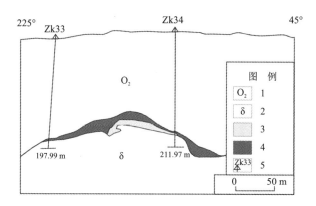

1—中奥陶统;2—燕山期闪长岩;3—矽卡岩;4—矿体;5—钻孔及编号。

图 3-2　玉石洼铁矿 10 勘探线剖面图

该矿体主要产于灰岩和闪长岩的接触带上,矿体形态和产状主要受接触带控制,矿体产状一般较平稳。矿体顶板一般为大理岩,局部为矽卡岩和闪长岩;底板多为闪长岩,也有少量的矽卡岩。矿体内夹层较少,仅在局部见到一些矽卡岩和灰岩。

矿体在纵向上自 NW 向 SE 倾伏,所以矿体呈北高南低,倾伏角一般为 5°左右,形态较稳定,局部波状起伏,或扭曲、透镜状,总体来看为似层状。

矿体横剖面上显示:16″~14 线矿体厚度一般在 20~30 m,呈舒缓波状起伏,略有弯曲。在 15′线 CKF47 孔中,主矿体上部顶板灰岩中间有 6~7 层透镜状小矿层;13′~7 线矿体呈一宽缓马鞍状,以 A–A′ 为轴线,中间上隆且厚,两端下延变薄。矿体形态较规则、稳定。该区域灰岩上盖内亦可见小型透镜状矿体存在;B2~B7 线矿体形态产状较为复杂,变化较大。矿体东侧由于岩体侵入产状复杂,多层透镜体岩体侵入灰岩中,矿体相应变化,时合时分,分多层上扬,间杂灰岩闪长岩及矽卡岩。矿体西侧自 B3 线往北则沿接触带呈尖灭再现，矿体在平面上分成东西两部分，东部的矿体仍为 Fe1-1，西部矿体 Fe1-2，东部矿体向北西延伸至 B-3 后尖灭，西部矿体沿北西向延伸至 B-5 线，呈倒放马鞍状，形态规则，产状稳定。

其他各矿体均为小矿体，储量小，多分布于 Fe1 的上部，区域上位于中生代北北东向构造岩浆活动带中，矿田区域内构造岩浆活动十分强烈。

3.2.2.2 矿石特征

1. 矿石自然类型

矿石自然类型除少量氧化矿石外，以原生矿石为主，氧化矿石主要分布于矿床上部氧化带内，矿石氧化强烈，成为褐铁矿。原生磁铁矿主要分布于矿床中下部的深处，氧化程度较轻或基本不发生氧化作用。矿区按矿石结构构造可分为蜂窝状磁铁矿矿石-赤铁矿矿石，块状和粉末状赤铁矿矿石，浸染状磁铁矿矿石、团块状磁铁矿矿石、条带状矽卡岩磁铁矿矿石等。

按矿石中矿物成分可以分为含黄铁矿碳酸盐磁铁矿矿石、碳酸盐磁铁矿矿石、含黄铁矿透辉石磁铁矿矿石、绿泥石磁铁矿矿石、含黄铁矿磁铁矿矿石、蛇纹石磁铁矿矿石、黄铁矿磁铁矿矿石及磁铁矿褐铁矿矿石和假象赤铁矿矿石等类型。

2. 矿石矿物成分及矿物组合

矿石的矿物成分比较简单，主要金属矿物以磁铁矿为主，其次为假象赤铁矿、黄铁矿、黄铜矿、板状磁铁矿等，镜下观察还有黄铜矿及少量针铁矿、斑铜矿、辉铜矿、磁黄铁矿等。

磁铁矿：一般为半自形-他形晶，中细粒为主，粒径为 0.05~1.2 mm，多数在 0.3~0.5 mm。镜下可见有透辉石碳酸盐矿物全体的环带结构及被黄铁矿碳酸盐等交代形成的残余结构和骸晶结构，铁黑色，半金属光泽，质量分数为 30%~90%，一般为 60%~80%，以半自形-他形晶粒为主，八面体和立方体自形晶粒状次之，偶见板状晶，粒径 0.01~5 mm，一般 0.1~2 mm。磁铁矿形成至少分为两个世代，以第一世代为主，粒径较细，第二世代粒径较粗，常产出于第一世代磁铁矿的晶洞或裂隙中，有时呈脉状穿切第一世代的磁铁矿。

假象赤铁矿：由磁铁矿氧化而成，具弱磁性，呈隐晶质块状或粉末状，钢灰色、红褐色或铁黑色，半金属光泽。

黄铁矿：他形至半自形结构为主，自形晶结构较少，粒径主要为 0.1~1.2 mm，个别为 2~3 mm，多数在 0.6 mm。黄铁矿在矿石中以三种状态赋存：①呈他形晶浸染状分散于矿石中，在磁铁矿中成细小包体，直径 0.01~0.05 mm，或与磁铁矿形成似文象结构，与磁铁矿同时形成或稍早于磁铁矿；②呈自形、半自形粒状结构，在矿石中呈浸染状或团块状产出，直径 0.1~0.5 mm，晶粒中间常有磁铁矿的嵌晶和黄铜矿、斑铜矿等矿物，本类型最发育；③在矿石中，与方解石、石英呈脉状产出，其直径大于 1 mm，有时达到 3 mm，这种黄铁矿常被赤铁矿、褐铁矿交代保留其假晶。有的黄铁矿具骸晶和压碎结构。

磁黄铁矿：主要有两种产状：①产于块状矽卡岩型铜锌矿石中，与黄铜矿共生，多为半自形-他形粒状，单体粒度大于 0.1 mm。②为细脉浸染状产于石英闪长岩、闪长岩中，粒度 0.06~0.2 mm。

黄铜矿：据产出方式可分为三种：①呈细小包体，星散状分布于黄铁矿中，显乳滴结构，粒径 0.005~0.05 mm，大者达 0.2 mm。②呈细脉浸染状或不规则集合体，分布于磁铁矿和黄铁矿的晶粒间，并交代熔蚀它们，粒径 0.1~0.2 mm，个别达 0.6 mm。③与方解石脉共生，氧化后见辉铜矿、斑铜矿的次生反应边，有时沿裂隙被铜蓝交代。

矿石中主要造岩矿物为透辉石、绿泥石，其次为透闪石、金云母、方解石、蛇纹石及少量石英、绿帘石、绢云母。镜下观察还可见白云母及少量褐帘石、玉髓、滑石、磷灰石、矽镁石。

矿石的不同矿物组合在空间分布上显示一定规律，一般透辉石-磁铁矿组合发育于靠近钠长石化岩体的接触带附近，而金云母、透闪石-磁铁矿和透闪石-磁铁矿发育于靠近碳酸盐岩围岩的接触带处。

3. 矿石结构、构造

矿石结构以半自形-他形晶粒状为主，自形晶较少，其他尚有交代残余、骸晶、筛状、假晶、压碎、固溶体分离等结构。自形、半自形结构多见于块状或团块状矿石，较坚硬，品位较高；他形晶结构多见于浸染状或条带状矿石；交代残余结构多见于呈稀疏浸染矿石中，一般品位较低；

矿石的构造以稀疏至稠密浸染状为主，团块状次之，偶见条带状，斑杂状、角砾状、蜂窝状、粉末状等。浸染状矿石分布较普遍，为各矿体的主要矿石类型；团块状矿石多分布于 7 线以北+220 m 水平以上，多为平炉富矿；其他各种构造类型的矿石仅在局部见到。

矿石中交代现象明显。矿石构造以浸染状（稠密浸染状和稀疏浸染状）、条带状、致密块状构造为主，斑点状、角砾状构造次之。

4. 矿石化学成分及伴生有益组分

矿石的化学成分以铁为主，其次有钙、镁、硅、铝、硫、磷等，以及少量钴、镍、铜、硒、碲等微量元素。

铁为矿石中的主要成分，主要以氧化铁形式出现，硫化物次之，铁在矿床中的全铁平均品位为 35.02%～56.09%，一般在 45%左右。

矿石中伴生元素有硫、钴、铜、镍、硒、碲、镓、钒、钛、锗、铟等。伴生元素的赋存状态，除铜以独立矿物存在并与黄铁矿紧密共生外，钴、镍、硒、碲主要以类质同象存在于黄铁矿中。

钴是邯邢地区接触交代（矽卡岩型）铁矿中最重要的有益伴生元素。除个别矿区发现含钴辉铁镍矿（云驾岭）、硫钴矿和辉钴矿（中关、杨二庄）外，尚未发现独立矿物。矿石中的钴主要赋存于黄铁矿中，磁铁矿及脉石矿物中也普遍含钴，但含量很低。

硫是铁矿中的重要伴生组分，主要以黄铁矿形式出现，其含量变化大，平均品位为 0.011%～2.17%，多数大、中型矿床中硫平均品位大于 0.3%。在矿体中，厚大矿体和近碳酸盐岩的矿体含硫量高。重要的伴生有益元素含量也往往与硫含量成正比关系。目前本区铁矿中伴生硫未能很好地回收利用。

磷含量普遍低于 0.15%，以磷灰石形式存在于矿石中。磷的空间分布与硫相似，矿体上部含量高，下部低，近接触带含量高，远接触带低。

3.2.2.3 成矿期和生成顺序

根据前人研究（冯钟燕，1991）结果及镜下矿物的共生组合及穿插交代关系，区内矿化作用可分为三期（表 3-1）。

表 3-1 矿化阶段及矿物生成顺序表

矿物	岩体分异富集期	矽卡岩矿化期			脉状热液充填
		矽卡岩化阶段	早期硫化物阶段	晚期硫化物阶段	
石榴石					
阳起石					
符山石					
黑柱石					
硅灰石					
石英					
方解石					
磁铁矿					
磁黄铁矿					

（1）岩体分异富集期：形成石英、磁黄铁矿等矽卡岩矿物。

（2）矽卡岩矿化期，分为三个阶段，分别为矽卡岩化阶段、早期硫化物阶段和晚期硫化物阶段；其中矽卡岩化阶段主要矿物为石榴石、阳起石、符山石、黑柱石、硅灰石、石英，金属矿物为磁铁矿，此阶段开始形成有价值的铁矿体；早期硫化物阶段主要矿物为石英和雌黄铁矿；晚期硫化物阶段主要矿物为石英、方解石。

（3）脉状热液充填阶段：形成的矿物为方解石、石英等，这个阶段的作用强度不大，未沉淀大量硫化物。

3.3　符山矿区概况

3.3.1　交通位置

符山铁矿位于河北省涉县西戌镇辖区内，毗邻西戌村，西南距涉县县城 20 km，东距邯郸市 80 km。矿区东侧有邯长公路通过，东南侧有邯长铁路支线通过，交通便利。

矿区面积约 0.9643 km^2，矿区地理坐标：北纬：36°43′21″～36°40′47″；东经：113°45′25″～113°47′14″。

3.3.2　自然地理与经济情况

本区位于太行山东麓，属高山地区，最高海拔 1180.84 m。当地气候干燥，全年降雨不均，温差较大，属内陆气候。区内地表水系不发育，仅有小型溪涧。

本区位于多震区内，其周围历史上曾发生过几次震中烈度为 10 度的地震，矿区受影响烈度为 8 度。因此，矿建工程和住房要考虑加固防震问题。

由于矿产资源丰富，本区经济以采矿业为主，农业相对比较落后，主要农作物有小麦、玉米、水稻等。当地无大的地表河流，生产和生活用水全靠深井取水。各镇和各矿山都专门配有变电所，并与国家电网并联，电力条件好。

3.3.3　以往地质工作

符山铁矿于 1956 年经涉县西戌居民李忠详报矿发现。1957 年武安普查队在该区进行 1∶50000 和 1∶5000 物探磁测工作，先后发现了 7 个矿体，并对一、

四、六矿体进行初步勘查工作。

1958—1959 年，华北冶金地质勘探公司五一八队对一、四矿体进行了详勘工作，施工钻孔 23 个，总进尺 6573.03 m，探槽和探井 1308.0 m³，1960 年提交《河北省涉县符山铁矿一、四矿体地质勘结报告》。

1961 年 11 月经河北省储委审查，该报告进行局部修改后，省储委批准为矿山设计依据。冶金工业部鞍山黑色金属矿山设计院认为 B 级储量勘探网度过稀，对矿体控制程度不够，不能求得 B 级储量，省储委即下达〔1962〕河储办便字第 46 号函，根据设计院意见，把该报告中的 B 级储量降为 C1 级（相当于现 C 级）储量，降级后，该报告中即无 B 级储量，不符合勘探规范要求，应进行补充勘探。

1962—1963 年，五一八队进行补勘工作，施工钻孔 65 个，总进尺 12667.13 m，槽探 325 m³，1964 年 3 月提交《河北省涉县符山铁矿区一、四矿体详细勘探地质总结报告》，1964 年 3 月 7 日省储委正式审议通过。1966 年矿山投入基建后，邯邢矿山局地质队对一矿体做了进一步勘探，共施工钻孔 1157.92 m。

报告批准一矿体 B 级储量 180.1 万 t，C 级储量 680.2 万 t，D 级储量 223.2 万 t，B+C+D 级储量 1083.5 万 t；批准四矿体储量为 B 级储量 322.2 万 t，C 级储量 1047.7 万 t，D 级储量 401.9 万 t，B+C+D 级储量 1771.8 万 t。

五一八队对六矿体分三期施工，进行了详勘工作。第一期在 1959—1960 年，共施工 16 个孔，提交有《河北省涉县符山铁矿第六矿体 1960 年年终地质勘探总结报告》，第二期在 1964 年施工了 3 个孔，第三期施工 13 个钻孔，共施工钻孔 32 个，总进尺 7097.36 m。于 1971 年正式提交《河北省涉县符山铁矿六矿体地质勘探总结报告》，1978 年华勘局以 41 号文批准获 B+C 级储量 371 万 t，D 级储量 135.9 万 t。

符山铁矿自 2003 年 7 月份以来，为新增保有储量，延长企业寿命，投入部分探矿工程，沿矿体底部、边角边采边探，发现了几处原勘探工程没有控制的小盲矿体，同时对一矿体设计边界外残留矿量重新圈定，截至 2004 年 10 月份，投入工程量 1063 m，新增储量 132891 t，重新圈定一矿体设计边界外矿量为 111370 t。

3.3.4 矿山历史开采状况

符山铁矿床由 7 个矿体组成，其中一、四、六矿体在矿山开采范围内。其余矿体均划归地方开采。在生产过程中，一、四、六矿体主要采用以钻探为主、坑探为辅的办法进行生产勘探。

一矿体于 1959 年由鞍山矿山设计院设计开采，年产 60 万 t，采用露天开采，并于当年开始施工。1962 年提交地质勘探报告后，由鞍山设计院于 1965 年重新做了初步开采设计，设计年产 30 万 t，服务年限 35 年，阶段高 10 m，回采率97%，贫化率 5%。1966 年符山铁矿重新开采，1969 年投入生产，1975 年进行扩建，设计年产 50 万 t，服务年限 26 年，阶段高由 10 m 改为 12 m。

指标实际完成情况是：年产量 55 万 t，自 1969 年投产到 1993 年结束，服务年限 25 年，回采率 96.8%，贫化率 4.6%。河北省矿产储量委员会以冀储闭决字(1994)02 号文批准闭坑。

四矿体于 1969 年由鞍山设计院设计开采，采用井下平硐开采，初步设计生产能力为年产 40 万 t，后扩建至年产 60 万 t，设计服务年限 25 年。四矿体于 1969年投产，1972 年达最高产量 107 万 t，至 2003 年底闭坑。

指标实际完成情况：实际服务年限 34 年，累计采出地质矿量 1519.2 万 t，累计回采率为 85.90%，累计贫化率为 15.52%。河北省国土资源厅以冀国土资认储[1998]13 号文批准闭坑。

六矿体于 1970 年由符山铁矿技术科设计开采，并于当年开始基建，设计年产铁矿 20 万 t，坑下开采，平硐溜井开拓，并与四矿体开拓系统相联结，采用全面崩落法采矿，在 1971 年提交最终地质勘探报告后，符山铁矿重新做了设计，设计仍用原开拓系统，采矿方法改用无底柱分段崩落法，年产量增为 25 万 t，服务年限 15 年。设计回采率 80%，贫化率 20%。1973 年投产，到 2003 年累计采出地质矿量 369.3 万 t。

指标实际完成情况：自 1971 年投产到 1988 年底结束，服务年限 18 年，回采率为 83.1%，贫化率为 14.4%。河北省矿产储量委员会以冀储闭决字(1994)03号文批准闭坑。

3.3.5　矿山现状

符山铁矿于 1994 年提交一、六矿体储量闭坑总结报告，2001 年提交四矿体储量闭坑总结报告，已经确认矿山进入到末期回采阶段。随着三个矿体依次开采结束，为了充分回收国家矿产资源，弥补矿石总产量的不足，延长矿山服务年限，目前矿山主要进行残留矿石的回收工作，即二次开采。

残留矿石是指矿山一次开采结束后未产出的矿石，残留矿石的回采工作属于二次开采。

据符山铁矿资料显示，符山铁矿一矿体从 1994 年到 2003 年回收残矿 40.23万 t，品位 34.24%，折合地质储量 28.01 万 t；六矿体 1988 年组织回收残矿，到

1993 年底回收残矿 31.5 万 t,品位 36.95%,折合地质储量 24.9 万 t,1994 年到 2004 回收残矿 64.44 万 t,品位 34.01%,折合地质储量 46.95 万 t;四矿体从 1990 年组织回收残矿,2000 年前累计回收残矿 249.88 万 t,品位 33.79%,折合 地质储量 188.18 万 t,2001—2003 年回收残矿 107.232 万 t,品位 30.62%,折合 地质储量 81.32 万 t。

符山铁矿经过十几年的残矿回收,目前一矿体回收工作已经全部结束,四矿 体年回收量稳定在 20 余万 t,六矿体年回收量稳定在 7 万~8 万 t。

2005 年,范才斌根据符山铁矿历年开采数据计算,四矿体的剩余残余矿石折 合地质储量 178.17 万 t;六矿体的剩余残留矿石折合地质储量 42.32 万 t,矿产资 源危机颇为严重,属于现实意义上的危机矿山。

3.3.6 符山矿区地质

3.3.6.1 矿区地质概况

符山位于中朝准地台的山西隆起之上,太行台拱的武安凹断折束之西。矿区 附近主要构造有北北东向克老窑断层、木井断层及北东—南西向涉县断层 (图 3-3)。符山侵入体即为燕山期岩浆活动沿克老窑断层与涉县断层的交叉处 侵入而成,岩性属酸饱和的钙碱性岩石,岩体出露呈一平均直径约 10 km,南北 稍长,东西较短的不规则椭圆形。岩体围岩为下古生界寒武系及奥陶系地层。岩 体内部常捕获有许多大小不等的灰岩捕房体,其与岩浆岩接触带发育有矽卡岩, 且富集成矿。

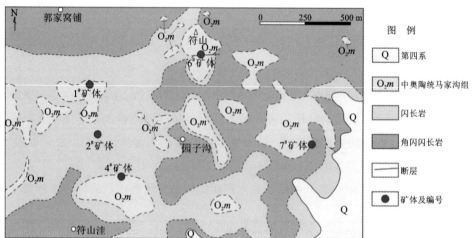

图 3-3 符山铁矿地质略图(据史志鸿等, 2014)

1. 地层

符山铁矿位于符山岩体中部,附近地层甚为简单,主要为下古生界寒武系与奥陶系地层以及分布在山涧沟谷中的第四系松散地层。

1)下古生界

(1)寒武系。

见于岩体北部外围前后西峪一带,呈北东走向,南东倾向之单斜层分布。上部岩性以竹叶状灰岩及条带状泥灰岩为主,厚约 80 m;中部为鲕状灰岩,厚约 200 m,下部为夹有薄层鲕状灰岩的紫红色含云母页岩,厚约 100 m。

(2)下奥陶统。

见于岩体西部外围板峪、磨头一带。

①冶里组:为黄灰色或灰色薄板状泥质灰岩、灰色至黄白色厚层状白云质灰岩、灰白色至黄灰色白云质灰岩。全层厚 145 m。

②亮甲山组:为灰黄色及灰色厚层状白云质灰岩,灰色至灰黑色角砾状白云质灰岩,全层厚 112 m。

(3)中奥陶统。

广泛分布于岩体东南部外围之沙河、西戌、宋家庄等地,并在岩体中呈形态各异之捕虏体,该层为成矿有利围岩。

①底部为深灰色角砾灰岩,层厚约 34 m。

②中下部深灰色含泥质条带石灰岩,层厚约 42 m。

③中上部黄色及黄灰色角砾灰岩,层厚约 35 m。

④上部为灰黑色厚层状石灰岩,层厚约 39 m。

2)新生界

第四系,分布于沟谷之中,主要有赤红色黏土、黄土、山麓堆积物。

2. 构造

矿区地质构造可分为成矿前及成矿后二大类:成矿前构造主要受岩浆侵入的影响形成;成矿后构造则为喜马拉雅期的产物。并继承有区域构造特征,也以北北东及东西向为主。

(1)成矿前构造:其主要表现在石灰岩捕虏体内部,常形成一系列的向斜构造,其轴向由于捕虏体所受岩浆侵入主压应力的方向不同而不同,以北北东向为主,而矿体西部则转为近东西向。褶皱形态也极不一致,有对称褶皱、不对称褶皱、甚至同斜褶皱。岩层产状也较混乱,甚至出现倒转现象。在褶皱形成发展的同时,还伴随有破碎带的出现。

（2）成矿后构造：其主要表现在四矿体 54 线附近，有一个断距约 45 m 的正断层，走向 354°，倾向西，倾角上部较陡，75°～83°，向下逐渐变缓至 40°。成矿后构造对矿体产出影响很小。

3. 岩浆岩

自符山铁矿被发现以来，国内外有很多专家学者对符山岩体进行过系统研究。符山侵入体被公认为中生代，即燕山期岩浆活动产物，其形态呈一出露面积约 58 km² 的复杂岩株。

关于其成因，黄福生认为南太行中生代杂岩代表了一套具有共同地幔来源的岩浆演化序列；许文良也提出"地幔分层部分熔融"模式来解释；董建华认为符山岩体是一套同源岩浆演化系列，共同起源于岩石圈地幔的部分熔融，但幔源基性岩浆侵位到下地壳位置时被下地壳物质混染成混浆，混浆又发生以铁镁矿物为主的分离结晶作用而形成。

岩体内部岩石种类极为复杂，有中粒角闪闪长岩、斑状闪长岩、闪长岩、正长闪长岩、二长岩、含石英闪长岩、黑云母闪长岩、粗粒角闪闪长岩、浅色石英闪长岩、长英岩脉及各种蚀变岩相。它们有的为同期岩浆岩之分异产物，受围岩同化作用生成，有的则为不同时期的侵入产物，有的则是一种变质岩相。

野外可见辉长岩和辉长闪长岩等呈小岩体或包体寄存于闪长岩-二长岩岩体中，后者显然较晚，但分布规模是本区最广的。石英闪长岩的岩脉侵入到闪长岩-二长岩岩体中，在闪长岩岩体中发现有纯橄榄岩、二辉橄榄岩和角闪二辉岩等地幔包体。基性岩分布相对局限，矿物组成以辉石、斜长石和角闪石为主，偶见橄榄石；闪长岩-二长闪长岩等中性岩分布广泛，矿物以斜长石和角闪石为主，含少量钾长石、单斜辉石，副矿物以磁铁矿为主，其次是磷灰石和榍石等。有的因石英含量多而过渡到石英闪长岩类。

郑建明（2007）按照侵入体的定位顺序，把符山岩体从早到晚划分出暗色角闪闪长岩-角闪辉长岩、斑状角闪闪长岩、中粒黑云母角闪闪长岩-二长闪长岩及细粒角闪闪长岩等四期侵入体。

各期侵入体之间一般为脉动式侵入接触关系，在露头上可以清楚地分辨出侵入体的边界，有时还可以获得接触界面产状。但是，界面两侧的侵入体中均没有表征岩浆骤然冷却过程的冷凝边和烘烤、蚀变现象，这说明它们的侵位时间间隔很短，后侵位的岩石单元是在早期单元尚未完全冷却或保持较高温度的条件下侵位的。在这种情况下，一般不能有效地鉴定相邻侵入体的相对生成顺序。在没有任何地质依据的情况下，各侵入体之间的顺序只能根据岩石结构构造、空间展布、地球化学特征等进行综合分析判断。有时，在晚期定位侵入体的边部可以见到很宽的包体富集带，或者接触边界截断早期单元中的岩脉和定向组构，据此可以判断它们的形成顺序。最不常见的一种情况是晚期侵入体边部出现早期侵入体的捕虏体，这种捕虏体形态与岩浆包体基本相似，呈椭球形，但成分、结构构造特征与早期侵入体完全一致。

符山岩体主要侵位于下奥陶统和中奥陶统之间，与围岩一般为整合接触，对围岩具有强烈的推挤作用，总体形成中心厚、边缘薄、底面较平坦的岩盖状。这种地质产状和岩石的细粒、中细粒、斑状结构特征表明岩体具有浅成到超浅成产状，上覆岩层厚度不大。有时，在接触带附近可见到直径达数米的晶洞，洞壁布满了石榴石、符山石等矽卡岩矿物，这可能是反应气体急速膨胀的产物，也从一个侧面说明了岩体的超浅成产出特点。在岩体内部，常常可见巨型围岩捕虏体、顶垂体或断块，受岩浆热作用和机械挤压的影响，这些围岩碎块发生强烈的接触交代变质作用和揉皱变形，并形成矽卡岩型铁矿床，符山一矿体就是这样的实例。

4. 矿石类型

符山铁矿以原生磁铁矿为主，氧化矿较少。按矿石构造分为致密块状、浸染状、条带状、斑点状、角砾状五类。矿石主要结构有自形晶粒，他形或半自形、交代残余结构；主要矿石矿物为磁铁矿、黄铁矿、假象赤铁矿，含少量褐铁矿。脉石矿物主要为绿泥石、绿帘石、石榴石、透辉石，其次为透闪石、金云母等。

3.3.7　矿区各矿体地质特征

1957 年，武安普查队在符山地区先后发现了七个矿体，邯邢冶金矿山局符山铁矿拥有矿权为一、四、六矿体，其余矿体均划拨地方政府。现在二矿体主要是民采，有多个小矿点，如鹿头乡铁矿、母猪沟铁矿、马鞍山铁矿等，矿石开采情况良好；五矿体因规模小，且位于符山尾矿库附近，暂无开采情况；七矿体主要是鑫宝铁矿开采，目前仍在开采阶段。

3.3.7.1　矿权矿体

1. 一矿体

一矿体为符山矿区第二大矿体，走向 NW—SE，倾向 NE，倾角约为 50°。延深最大可达 700 m，厚度 10~50 m。矿体以似层状透镜体为主，产状从总的趋势上看，受控于下伏灰岩捕虏体，该矿体共分两层，以第一层为主，占总储量的99.1%（图 3-4）。

灰岩，褶曲揉皱现象严重

采空区，矿体所在位置

图 3-4　一矿体全景

一矿体全铁在矿体中的变化有一定的规律，即沿厚度方向，顶板较贫，底板较富。但全铁(TFe)含量变化不大，一般在 40%～50%，全矿体平均地质品位 TFe 41.70%，TFe 与 FeO 的比值一般为 2.4～2.7；硫在整个矿体中含量不高，平均品位 0.63%，硫在倾向上由浅到深有增高的趋势，在走向上无明显变化，在厚度方向上，靠顶板较低，底板较高。

一矿体原圈定矿体与最终圈定矿体有以下几点变化：

(1)最终探明后，总储量减少 128 万 t。

(2)原第二层矿几乎消失，仅在 9、11 线上有所体现，即呈两块很小的不连续薄饼状矿体。

(3)在 12～13 线，新发现一小块矿，其走向、倾向与第一层矿一致。

(4)在 9、11 线上，矿体延深分别减少 45 m、37 m。

2. 四矿体

四矿体为符山铁矿第一大矿体(图 3-5)，位于矿区南部，产于灰岩与闪长岩接触带处，由于灰岩与闪长岩相互穿插，使得矿体顶底板岩性不统一。矿体埋深 0～290 m，赋存标高 +680～+970 m。矿体沿走向长 1000 m，沿倾向最大延伸 200 m，厚度变化较大，从几米到 100 余 m 不等，平均厚度 60 m。矿体形态不规则，在剖面上呈"人"字形或"飞燕"形。矿体走向近东西，倾向总体向北，但局部变化大，倾角一般为 30°～50°。

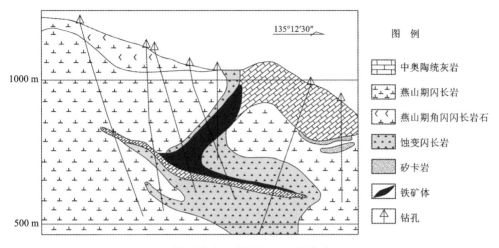

图 3-5 符山铁矿 4 矿体剖面图(杜高峰, 2014)

图例：中奥陶统灰岩；燕山期闪长岩；燕山期角闪闪长岩石；蚀变闪长岩；矽卡岩；铁矿体；钻孔

四矿体主要由原生磁铁矿构成, 但由于成矿环境及热液蚀变、表生作用程度的不同, 矿石的结构、构造、质量变化也不相同。主要构造有致密块状、条带状、浸染状、角砾状构造; 主要结构有自形晶粒, 他形或半自形、交代残余结构及海绵陨铁结构。

总体来看, 四矿体矿石质量变化有如下规律: 东部较富, 含硫较低; 西部较贫, 含硫较高; 上部较富, 含硫较低, 下部较贫, 含硫较高。矿石平均地质品位为 TFe 40.39%, 但对于四矿体 63~69 线+690 m 水平以下矿体, 矿石(TFe)品位较低, 在 30% 左右, 对于 55~57 线+730 m 中段新发现的盲矿体, 由于未取样化验, 矿石(TFe)品位不清。

四矿体截至 2000 年底累计探明总储量为 1778.77 万 t。经探采对比, 原圈定矿体与最终圈定矿体有以下变化:

(1)经最终探明后, 总储量增加 6.97 万 t。

(2)原 64 线圈定矿体认为上部露头与深部矿体是相连的, 但经过实际开采后发现上部为一小露天矿, 与下部主矿体是断开的。

3. 六矿体

六矿体规模较小, 位于矿区北东部, 产于灰岩与闪长岩接触带处, 同四矿体一样, 由于灰岩与闪长岩相互穿插, 使得矿体顶底板岩性不统一。矿体埋深 142~222 m, 赋存标高在+802~+882 m。矿体长 300 m, 宽 230 m, 厚度变化大, 平均厚度 14 m。矿体形态呈透镜体状。矿体走向北北东, 往南转为东西向, 倾向西，倾角一般在 5°~35°，为一椭球形扁豆体，矿体中间厚，两端薄，由三层矿组成，其中以第二层为主。

六矿体矿石品位沿走向变化不大，沿倾向由浅到深一般为贫—富—贫之趋势。靠近顶板贫，中间富，底板贫。硫含量普遍低。整个矿体矿石(TFe)平均品位 46.68%。

六矿体原圈定矿体与最终圈定矿体有以下几点变化：

(1)经最终探明后，总储量减少 103.48 万 t。

(2)第一层矿长由 67 m 减至 42 m，宽由 50 m 减至 22 m。

(3)第二层矿的南部矿化连续性变差。

3.3.7.2 其余矿体

1.二矿体

二矿体位于符山岩体中部，走向 NE 35°，倾向 NW，倾角 65°~75°，延长 550 m，延伸 80~300 m，一般厚度 5~25 m，平均品位 TFe 45.73%，含硫 0.444%，含磷 0.025%。

宏观意义上的二号矿体应该是从符山洼向南西延伸到符山窑附近，这个方向上存在着大大小小多个矿点，整体构成一条北东向矿带。矿体附近围岩蚀变非常显著，主要可见绿泥石化、绿帘石化、石榴石化等矽卡岩化，蚀变带可达 5 m 以上(图 3-6)，矿体严格按照接触带产出，灰岩在本区呈残留顶盖状，主要倾向西，研究认为该现象是由岩体沿基底北东向断裂带与东西向断裂带交会处侵入导致，一方面它的侵位上拱导致灰岩体整体向西倾，另一方面它吞噬灰岩以捕虏体的形式接触交代，引起矿化蚀变，近地表磁异常非常显著(图 3-7)。

图 3-6　二矿体附近典型的矽卡岩化带

图 3-7　二矿体典型接触带

综合本区情况可以认为，二矿体成矿潜力很大，从目前众多矿点验证情况来看，成矿良好，认为本区成中型规模矿床问题不大，且可能具多层矿体。

2. 三矿体

三矿体实际上是二矿体的延续，二者在成因及分布规律上应当作为同一矿体来综合研究。由于现场不便于开展工作，故未能获得更进一步的资料。

3. 七矿体

七矿体位于符山岩体东部，靠近外接触带，目前主要为鑫宝铁矿开采。矿体特征不同于符山一、二号矿体，目前开采标高在 +250 m 左右，处于稳定水位以下，目前所采矿石与泥浆一起产出，含硫量少。

据了解，矿体底板为灰岩，仍未穿透。矿体在近地表表现为脉状，往下基本成矿囊状，说明岩体于深部吞噬捕虏显著，因未能下井，不能做更多研究。

3.3.8　矿石特征

研究区主要为原生矿石［图 3-8(a)、图 3-8(b)、图 3-8(c)］。矿石结构主要为他形-半自形粒状、残余结构与致密晶粒结构。矿石构造主要有致密块状、浸染状、条带状和角砾状。矿石矿物有磁铁矿、黄铁矿、赤铁矿和镜铁矿［图 3-8(d)、图 3-8(e)、图 3-8(f)］。非金属矿物主要有方解石、白云石、透闪石、石榴石、绿帘石等。

（a）接触带内石榴石脉；（b）磁体矿脉侵入围岩，见烘烤边；（c）岩芯；（d）磁铁矿与赤铁矿共生；
（e）磁铁矿与黄铁矿共生；（f）磁铁矿与黄铜矿共生；（g）绿帘石；（h）白云石与方解石共生；
（i）透闪石与方解石共生；Cal—方解石；Cp—黄铜矿；Dol—白云石；
Ep—绿帘石；Hem—赤铁矿；Mt—磁铁矿；Py—黄铁矿；Tr—透闪石。

图3-8　符山铁矿床野外照片和主要金属矿物镜下照片

3.3.9　成矿阶段划分及矿物生成顺序

通过对符山铁矿矿物共生组合与穿插关系分析，将成矿过程划分成四个期次，包含六个阶段（图3-9），①矽卡岩期，包括干矽卡岩阶段与湿矽卡岩阶段；②磁铁矿氧化物期，主要为氧化物阶段；③石英硫化物期，分为早期石英硫化物阶段与晚期石英硫化物阶段；④风化期，主要为表生作用阶段。其中主成矿期是矽卡岩期与磁铁矿氧化物期，主要矿物由磁铁矿、透辉石和石榴石组成；次要矿物由黄铁矿、黄铜矿组成。

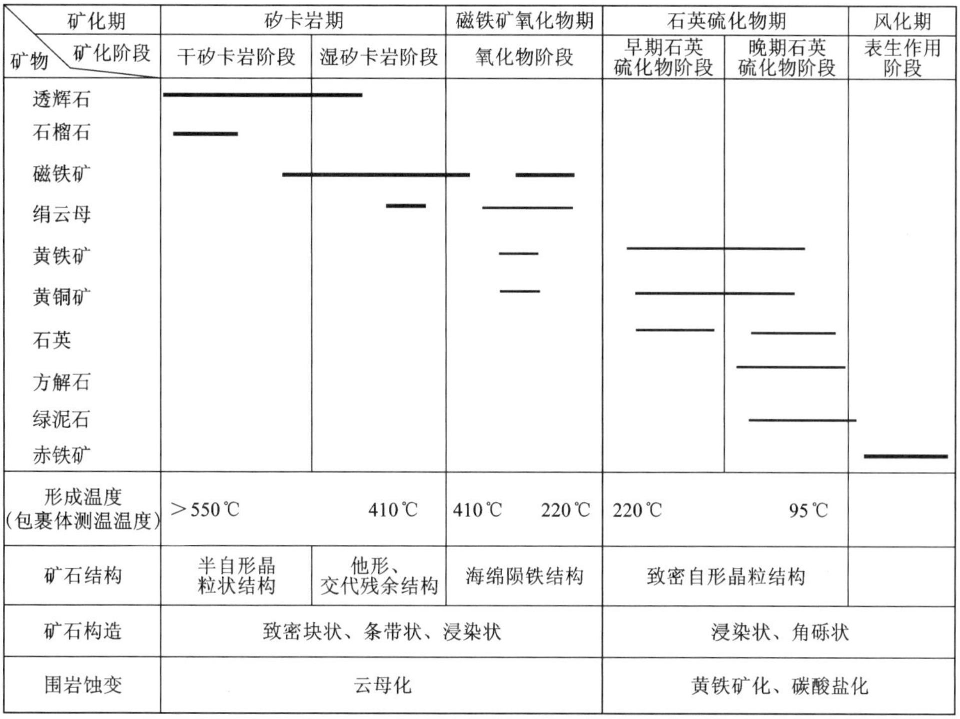

矿化期	矽卡岩期		磁铁矿氧化物期	石英硫化物期		风化期
矿物＼矿化阶段	干矽卡岩阶段	湿矽卡岩阶段	氧化物阶段	早期石英硫化物阶段	晚期石英硫化物阶段	表生作用阶段
透辉石	▬▬	▬▬				
石榴石	▬					
磁铁矿		▬▬▬	▬▬			
绢云母		▬▬				
黄铁矿			▬	▬▬		
黄铜矿			▬	▬▬		
石英				▬	▬▬	
方解石					▬▬	
绿泥石					▬▬	
赤铁矿						▬
形成温度（包裹体测温温度）	＞550℃	410℃	410℃　220℃	220℃	95℃	
矿石结构	半自形晶粒状结构	他形、交代残余结构	海绵陨铁结构	致密自形晶粒结构		
矿石构造	致密块状、条带状、浸染状			浸染状、角砾状		
围岩蚀变	云母化			黄铁矿化、碳酸盐化		

图 3-9　符山铁矿床成矿阶段及矿物生成顺序图解

第4章　地球化学特征

4.1　玉泉岭铁矿地球化学

本次主要研究玉泉岭铁矿闪长岩与石灰岩岩石化学、稀土元素、微量元素等地球化学特征。其中 YQL-20、YQL-22 为闪长岩，其他为石灰岩。测试单位为中南大学地质研究所测试实验室。

样品的主量元素主要采用熔片法 X-射线荧光光谱法（XRF）分析，分析仪器为菲利普 PW2404X 射线荧光光谱仪，采用 GB/T 4506.28-93 硅酸盐岩石化学分析方法，分析精度优于 1%。

稀土元素和微量元素采用等离子体质谱法（ICP-MS）。检测方法 DZG20.01-1991，室内温度 22℃，相对湿度 65%，测试单位为自然资源部长沙矿产资源监督检测中心。

4.1.1　主量元素

玉泉岭铁矿闪长岩与石灰岩主量元素分析结果见表 4-1。从表中可看出，YQL-20、YQL-22 中 SiO_2 含量*分别为 56.25%、62.35%，含量较高，TFe 含量分别为 4.22%、4.80%；石灰岩中 SiO_2 含量较低，为 2.00%~3.81%；CaO 含量较高，为 45.80%~52.91%；烧失量（LOI）较高，为 40.62%~42.60%，闪长岩中 TFe 含量明显高于石灰岩中 TFe 含量。表 4-2 为岩石 CIPW 标准计算结果。

---

　　* 本书的含量指质量分数

表 4-1 玉泉岭铁矿主量元素分析结果　　　　　单位：%

样号	YQL-8	YQL-10	YQL-13	YQL-20	YQL-22	YSW-17
SiO_2	2	2.88	3.81	56.25	62.35	3.19
Al_2O_3	0.36	0.69	0.63	18.08	17.08	0.34
TFe	0.23	0.32	0.37	4.22	4.8	0.3
CaO	52.91	51.42	45.8	6.99	4.24	50.26
MgO	0.55	3.17	7.38	2.18	1.19	3.49
K_2O	0.07	0.15	0.36	0.63	2.89	0.02
Na_2O	0.06	0.05	0.04	6.74	4.58	0.05
P_2O_5	0.01	0.01	0.02	0.32	0.21	0.01
MnO	0.01	0.01	0.01	0.14	0.13	0.01
TiO_2	0.02	0.05	0.05	0.68	0.46	0.03
LOI	42.6	41.26	40.62	2.49	0.78	41.7
合计	98.82	100.01	99.09	98.72	98.71	99.4

表 4-2 岩石 CIPW 标准计算结果

样品号	YQL-8	YQL-10	YQL-13	YQL-20	YQL-22	YSW-17
石英（Qz）					13.95	
钙长石（An）	0.9	2.07	0.81	17.94	17.93	1.12
斜长石（P）	0.9	2.07	0.81	71.57	44.62	1.12
霞石（Ne）	0.49	0.39	0.31			0.4
透辉石（Di）				12.88	1.82	
紫苏辉石（Hy）				0.44	4.91	
橄榄石（Ol）	2.12	9.91	22.61	0.88		11.07
斜硅钙石（Cs）	286.09	255.65	212.61			253.54
钛铁矿（Il）	0.07	0.16	0.16	1.35	0.89	0.1
磁铁矿（Mt）	0.07	0.09	0.11	2.45	2.82	0.09
磷灰石（Ap）	0.04	0.04	0.08	0.8	0.52	0.04
分异指数（DI）	-47.46	-46.07	-43.82	63.31	71.13	-45.86

续表4-2

样品号	YQL-8	YQL-10	YQL-13	YQL-20	YQL-22	YSW-17
A/CNK	0.004	0.007	0.008	0.739	0.93	0.004
SI	61.82	86.57	90.91	16.14	9.04	91.04
AR	1	1.01	1.02	1.83	2.08	1
σ43			-0.01	3.78	2.81	
σ25		-0.01	-0.03	1.75	1.51	
A/MF	0.21	0.08	0.03	1.66	1.87	0.04
C/MF	57.08	11.09	4.35	1.17	0.84	9.92

从岩石 CIPW 标准计算结果表中可看出，闪长岩中主要造岩矿物为斜长石、钙长石、透辉石，其中磁铁矿为 2.45、2.82，明显高于石灰岩中磁铁矿的值，可以间接说明成矿物质来源于闪长岩体可能性较大。

4.1.2 稀土元素

玉泉岭铁矿稀土元素分析结果及特征参数见表4-3、表4-4，稀土元素标准化曲线图见图4-1，从表4-3、表4-4可看出，闪长岩中稀土总量（ΣREE）为 $161.42×10^{-6} \sim 174.05×10^{-6}$，含量较高；轻稀土（LREE）含量为 $147.39×10^{-6} \sim 156.72×10^{-6}$，重稀土（HREE）含量为 $14.03×10^{-6} \sim 17.33×10^{-6}$，LREE/HREE 为 9.04~10.51，轻稀土富集，重稀土亏损；δEu 为 0.96~1.14，为球粒陨石型；δCe 为 0.89，具弱铈异常。从图4-1可看出，闪长岩标准化曲线为略右倾曲线到水平的平滑曲线。

表 4-3 玉泉岭铁矿稀土元素分析结果 　　　　单位：10^{-6}

送样号	YQL-8	YQL-10	YQL-13	YQL-20	YQL-22
La	0.168	0.22	0.386	37.61	36.42
Ce	0.657	0.63	0.463	69.81	66.59
Pr	0.786	0.813	0.779	8.372	7.802
Nd	3.73	3.841	3.709	33.37	30
Sm	0.017	0.054	0.034	5.816	4.846
Eu	0.001	0.028	0.011	1.746	1.734

续表4-3

送样号	YQL-8	YQL-10	YQL-13	YQL-20	YQL-22
Gd	0.023	0.064	0.036	5.115	4.298
Tb	0.008	0.02	0.019	0.842	0.676
Dy	0.065	0.167	0.132	4.376	3.513
Ho	0.017	0.039	0.035	0.953	0.749
Er	0.045	0.117	0.105	2.702	2.161
Tm	0.021	0.008	0.011	0.419	0.326
Yb	0.207	0.115	0.132	2.521	1.999
Lu	0.025	0.011	0.013	0.4	0.303
Y	0.451	1.088	0.925	25.15	19.71

表 4-4　玉泉岭铁矿稀土元素特征参数表

送样号	$\Sigma REE/\times 10^{-6}$	$LREE\times 10^{-6}$	$HREE\times 10^{-6}$	LREE/HREE	La_N/Yb_N	δEu	δCe
YQL-8	5.77	5.36	0.41	13.04	0.55	0.15	0.22
YQL-10	6.13	5.59	0.54	10.33	1.29	1.45	0.20
YQL-13	5.87	5.38	0.48	11.14	1.98	0.95	0.14
YQL-20	174.05	156.72	17.33	9.04	10.08	0.96	0.89
YQL-22	161.42	147.39	14.03	10.51	12.31	1.14	0.89

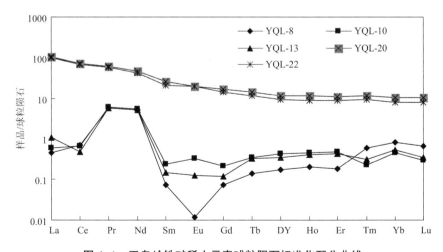

图 4-1　玉泉岭铁矿稀土元素球粒陨石标准化配分曲线

石灰岩中稀土总量（ΣREE）为 $5.77×10^{-6} \sim 6.13×10^{-6}$，含量较低；轻稀土（LREE）含量为 $5.36×10^{-6} \sim 5.59×10^{-6}$，重稀土（HREE）含量为 $0.41×10^{-6} \sim 0.54×10^{-6}$，LREE/HREE 为 $10.33 \sim 13.04$，轻稀土富集，重稀土亏损；δEu 为 $0.15 \sim 1.45$，为负铕异常至弱的正铕异常；δCe 为 $0.14 \sim 0.22$，为负铈异常。从图 4-1 可看出，石灰岩标准化曲线为"V"字形曲线。

4.1.3 微量元素

玉泉岭铁矿岩石微量元素分析结果见表 4-5，相关系数矩阵表见表 4-6。

表 4-5 玉泉岭铁矿微量元素分析结果　　　　　单位：10^{-6}

送样号	分析号	V	Cr	Co	Ni	Cu	Zn	Mo	W	Pb
YQL-3	2065	1.55	10.61	1.67	12.33	4.73	13.70	0.44	1.76	35.90
YQL-4	2066	1.01	9.35	1.61	14.55	4.37	17.34	0.52	1.30	23.12
YQL-5	2067	6.84	12.13	2.17	15.68	6.72	67.32	0.54	1.62	48.05
YQL-7	2068	4.63	10.49	3.06	15.01	4.67	64.06	0.24	0.44	7.35
YQL-8	2061	3.17	9.48	1.75	14.64	3.53	9.02	0.26	0.23	8.00
YQL-9	2069	1.49	10.00	1.72	13.70	3.61	3.83	0.16	1.32	7.16
YQL-10	2062	8.23	11.24	1.94	15.61	4.40	4.32	0.19	0.13	5.50
YQL-11	2070	3.12	11.90	2.03	14.59	4.74	6.90	0.43	2.81	7.84
YQL-12	2071	3.76	11.50	1.90	14.18	4.61	8.75	0.45	1.96	8.86
YQL-13	2063	7.36	11.17	2.02	14.19	4.28	6.24	0.15	0.29	5.91
YQL-15	2072	2.49	10.75	1.96	13.09	4.46	7.74	0.72	1.28	21.67
YQL-20	2064	67.29	23.39	9.04	9.98	7.86	23.03	0.54	0.82	8.13
YQL-21	2073	2.38	9.78	2.04	14.46	3.89	10.71	0.17	0.76	34.79
YQL-22	2065	55.36	10.87	6.71	3.03	6.68	38.70	0.76	4.71	16.04
YQL-23	2074	2.84	9.73	1.83	13.30	3.88	4.52	0.28	0.84	6.54
YQL-26	2075	85.67	200.20	23.90	155.20	30.37	58.86	0.23	1.39	15.10
平均值		16.07	23.29	4.08	22.10	6.43	21.57	0.38	1.35	16.25
最大值		85.67	200.20	23.90	155.20	30.37	67.32	0.76	4.71	48.05
最小值		1.01	9.35	1.61	3.03	3.53	3.83	0.15	0.13	5.50
标准差		27.14	47.29	5.68	35.63	6.50	22.58	0.20	1.14	13.06

表 4-6　玉泉岭铁矿微量元素相关系数矩阵表

	V	Cr	Co	Ni	Cu	Zn	Mo	W	Pb
V	1.00								
Cr	0.72	1.00							
Co	0.90	0.95	1.00						
Ni	0.63	0.99	0.90	1.00					
Cu	0.78	0.99	0.97	0.97	1.00				
Zn	0.46	0.45	0.51	0.43	0.53	1.00			
Mo	0.20	−0.18	−0.03	−0.25	−0.08	0.17	1.00		
W	0.29	0.01	0.13	−0.05	0.09	0.17	0.66	1.00	
Pb	−0.13	−0.03	−0.08	−0.02	0.02	0.35	0.33	0.17	1.00

从表 4-5 中可看出，V 含量为 $1.01 \times 10^{-6} \sim 85.67 \times 10^{-6}$，平均值为 16.07×10^{-6}；Cr 含量范围为 $9.35 \times 10^{-6} \sim 200.20 \times 10^{-6}$，平均值为 23.29×10^{-6}；Co 含量为 $1.61 \times 10^{-6} \sim 23.90 \times 10^{-6}$，平均值为 4.08×10^{-6}；Ni 含量为 $3.03 \times 10^{-6} \sim 155.20 \times 10^{-6}$，平均值为 22.10×10^{-6}；Cu 含量为 $3.53 \times 10^{-6} \sim 30.37 \times 10^{-6}$，平均值为 6.43×10^{-6}；Zn 含量为 $3.83 \times 10^{-6} \sim 67.32 \times 10^{-6}$，平均值为 21.57×10^{-6}；Mo 含量为 $0.15 \times 10^{-6} \sim 0.76 \times 10^{-6}$，平均值为 0.38×10^{-6}；W 含量为 $0.13 \times 10^{-6} \sim 4.71 \times 10^{-6}$，平均值为 1.35×10^{-6}；Pb 含量为 $5.50 \times 10^{-6} \sim 48.05 \times 10^{-6}$，平均值为 16.25×10^{-6}。

从表 4-6 中可看出，V 与 Cr、Co、Ni、Cu 呈显著正相关，与 Pb 呈负相关；Cr 与 V、Co、Ni、Cu 呈显著正相关，与 Mo、Pb 呈负相关；Co 与 V、Cr、Ni、Cu、Zn 呈显著正相关，与 Mo、Pb 呈负相关；Ni 与 V、Cr、Co、Cu 呈显著正相关，与 Mo、W、Pb 呈负相关；Cu 与 V、Cr、Co、Ni、Zn 呈显著正相关，与 Mo 呈负相关；Zn 与 Co、Cu 呈显著正相关；Mo 与 W 呈显著正相关；Pb 与其他微量元素相关性较差。

4.2　玉石洼铁矿地球化学

本次工作选取玉石洼铁矿闪长岩与石灰岩岩石及矿石样品合计 14 件，开展岩石地球化学特征研究。

样品的主量元素测试单位为中南大学地质研究所测试实验室，主要采用熔片法 X-射线荧光光谱法(XRF)分析，分析仪器为菲利普 PW2404X 射线荧光光谱仪，采用 GB/T4506.28-93 硅酸盐岩石化学分析方法，分析精度优于 1%。

稀土元素和微量元素样品送交自然资源部长沙矿产资源监督检测中心，采用等离子体质谱法(ICP-MS)。检测方法 DZG20.01-1991，使用仪器为 ICP-MS 全谱仪，室内温度 22℃，相对湿度 65%。

本次研究采用下列地球化学值作为数据处理的主要参照标准：

黎彤(1967)对地壳元素丰度的测定见表 4-7；维氏丰度见表 4-8；涂和魏测定的沉积岩化学元素平均含量见表 4-9。

表 4-7　地壳元素丰度值　　　　　　　单位：10^{-6}

元素	V	Cr	Co	Ni	Cu	Zn	Pb	W	Mo
地壳丰度	140	110	25	89	63	94	12	1.1	1.3

表 4-8　全球中性岩(闪长岩)化学元素平均含量　　　　　　　单位：10^{-6}

元素	V	Cr	Co	Ni	Cu	Zn	Pb	W	Mo
含量	100	50	10	55	35	72	15	1	0.9

表 4-9　沉积岩(碳酸盐)中化学元素平均含量　　　　　　　单位：10^{-6}

元素	V	Cr	Co	Ni	Cu	Zn	Pb	W	Mo
含量	20	11	0.1	20	4	20	9	0.6	0.4

4.2.1　主量元素

玉石洼矿区岩石主量元素分析结果见表 4-10，其中 YSW-17 至 YSW-40 为围岩，岩性多为灰岩及大理岩，YSW-7、YSW-51、YSW-59、YSW-80、YSW-106 等为闪长岩样品。

表 4-10　玉石洼矿区岩石主量元素化学成分表　　　单位：%

样品号	SiO$_2$	Al$_2$O$_3$	CaO	MgO	Fe$_2$O$_3$	MnO	TiO$_2$	P$_2$O$_5$	K$_2$O	Na$_2$O	烧失量	岩类
YSW-17	3.19	0.34	50.26	3.49	0.30	0.01	0.03	0.01	0.02	0.05	0.05	围岩
YSW-18	13.25	0.36	48.25	0.40	0.23	0.01	0.03	0.13	0.06	0.06		围岩
YSW-19	4.68	0.43	47.82	4.27	0.44	0.04	0.04	0.01	0.04	0.04	0.04	围岩
YSW-20	2.53	0.62	50.47	2.62	0.30	0.01	0.04	0.01	0.46	0.04	0.04	围岩
YSW-29	18.80	0.46	44.36	2.23	0.36	0.02	0.05	0.19	0.06	0.06		围岩
YSW-31	2.61	0.24	52.71	0.42	0.25	0.02	0.02	0.01	0.13	0.06	0.06	围岩
YSW-34	1.83	0.46	52.75	0.60	0.22	0.01	0.03	0.01	0.24	0.05	0.05	围岩
YSW-35	0.96	0.40	53.05	0.77	0.30	0.01	0.03	0.02	0.01	0.05	0.05	围岩
YSW-40	3.52	0.40	52.58	0.36	0.19	0.01	0.03	0.01	0.11	0.03	0.03	围岩
YSW-59	60.78	15.71	3.50	2.42	6.27	0.18	0.41	0.19	3.49	4.89	1.39	岩体
YSW-7	55.57	16.31	4.44	2.62	7.78	0.15	0.60	0.40	1.34	6.95	2.89	岩体
YSW-51	57.87	15.46	4.45	3.67	5.92	0.14	0.55	0.25	0.64	7.53	2.68	岩体
YSW-106	52.53	15.18	7.96	6.56	10.23	0.17	0.81	0.39	1.76	3.37	0.77	岩体
YSW-80	59.33	16.92	6.43	3.20	6.17	0.13	0.67	0.29	1.88	4.59	0.61	岩体

4.2.1.1　地层主量元素

矿区地层按近矿围岩，矿区出露，及远离矿区的外围采样样品分析，数据显示各主量元素含量稳定，三种类型围岩样品，主量元素含量没有明显区别，仅样品 YSW-18，YSW-29 位于接触带附近，SiO$_2$ 含量略高，分别为 13.25% 及 18.80%；此外围岩样品中 MgO 含量有少许起伏，变化范围为 0.36%～4.27%；各类型样品，全铁含量大致相同，相对于矿区外围岩样品全铁含量，近矿围岩全铁含量数据范围相同，因此从该数据特征来看，不支持围岩发生过大量铁质流失；另外接触带样品 CaO 含量随 SiO$_2$ 含量升高而降低，显示围岩受接触影响，有 CaO 流失。

4.2.1.2　岩体主量元素

玉石洼矿区岩体多为隐伏岩体，均有不同程度钠化，主量元素含量明显变化很大，$w(SiO_2) = 52.53\% \sim 60.78\%$；$w(Al_2O_3) = 15.18\% \sim 16.92\%$；$w(MgO) = 2.42\% \sim 6.56\%$；$w(TiO_2) = 0.41\% \sim 0.81\%$，而 TFe 含量较低，具备高硅富铝高碱的特点（表 4-11）。

表 4-11　玉石洼岩体样品各项指标一览表

参数\样品号	YSW-59	YSW-7	YSW-51	YSW-106	YSW-80
分异指数(DI)	70.71	68.7	69.99	39.38	57.88
A/CNK	0.865	0.778	0.73	0.693	0.796
SI	14.19	14.02	20.66	29.92	20.22
AR	2.55	2.33	2.39	1.57	1.77
σ43	3.83	5.02	4.23	2.67	2.54
σ25	1.98	2.27	2.05	0.96	1.22
R1	1347	724	888	1612	1709
R2	820	962	996	1490	1183
F1	0.61	0.54	0.53	0.5	0.56
F2	-1.24	-1.51	-1.61	-1.44	-1.4
F3	-2.56	-2.61	-2.67	-2.44	-2.56
A/MF	1.07	0.94	0.89	0.5	1.02
C/MF	0.43	0.47	0.46	0.47	0.71

4.2.2　微量元素

本次研究分别选取围岩矿体岩体开展微量元素特征研究，微量元素分析结果见表 4-12。图 4-2 为微量元素含量与维氏值比值图。

表 4-12　玉石洼铁矿微量元素分析结果　　　　单位：10^{-6}

送样号	V	Cr	Co	Ni	Cu	Zn	Mo	W	Pb	岩性
YSW-17	3.17	10.28	1.73	14.45	3.87	8.33	0.17	4.55	6.65	围岩
YSW-18	2.44	9.39	1.50	12.68	3.79	4.36	0.12	7.56	6.28	围岩
YSW-19	4.38	10.91	1.71	13.31	4.78	37.48	0.10	0.65	41.22	围岩
YSW-20	5.00	9.93	1.81	14.19	3.42	4.41	0.41	15.59	6.67	围岩
YSW-29	2.24	10.11	1.63	11.38	6.02	19.68	0.14	3.08	22.79	围岩
YSW-31	1.76	8.57	1.54	14.27	3.96	8.81	0.29	7.64	8.42	围岩
YSW-34	2.02	9.83	1.64	13.50	3.91	10.40	0.15	2.84	9.24	围岩

续表4-12

送样号	V	Cr	Co	Ni	Cu	Zn	Mo	W	Pb	岩性
YSW-35	2.10	9.17	1.70	14.15	4.11	5.93	0.15	2.72	6.86	围岩
YSW-40	2.13	9.14	1.65	13.92	4.53	7.60	0.18	11.09	12.62	围岩
YSW-21	4.20	9.39	1.62	11.82	6.10	4.07	0.14	0.73	7.84	围岩
YSW-27	5.50	9.20	3.07	10.94	8.55	26.78	0.03	0.32	41.64	围岩
YSW-32	6.90	9.10	5.05	13.29	13.21	9.78	0.05	0.94	18.29	围岩
YSW-33	0.21	8.42	1.40	12.88	3.98	4.58	0.12	1.44	6.88	围岩
YSW-38	7.35	9.43	2.19	15.85	7.58	86.25	0.22	2.49	14.94	围岩
YSW-39	6.97	9.04	9.00	14.39	17.60	8.65	0.52	2.99	9.32	围岩
YSW-12	453.50	20.18	31.40	33.82	8.97	36.96	0.57	1.01	14.71	矿样
YSW-13	215.50	14.17	57.74	30.46	2729	18.78	0.36	1.03	10.19	矿样
YSW-36	83.07	10.83	4.79	2.70	9.61	40.01	0.56	2.18	11.60	矽卡岩
YSW-37	94.08	93.09	5.92	37.44	10.19	15.72	0.46	6.73	11.23	矽卡岩
陆壳	230	185	29	105	75	80	1.0	1.0	80	
闪长岩	100	50	10	55	35	72	0.9	1	15	
碳酸盐岩	20	11	0.1	20	4	20	0.4	0.6	9	

注：陆壳值引自赵振华，微量元素地球化学原理，1997.

YSW微量元素含量与维氏值比值

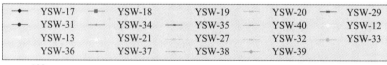

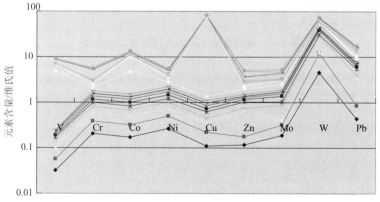

图 4-2 　玉石洼铁矿微量元素含量与维氏值比值蛛网图

从表 4-12 及图 4-2 可以看出,玉石洼围岩样品微量元素含量与矿石和矽卡岩具有明显区别。相比之下,围岩微量元素含量具下述特征:V、Co、Cu 元素相对呈负突起,V 含量尤其明显;矿样和矽卡岩样品特征相近,均具 V、Co、Cu 元素正突起,且 Cu 含量突起明显;矿区样品 Cr、Ni、Zn、Mo、W、Pb 等元素含量相近,围岩含量低于矿样及矽卡岩。

4.2.3 稀土元素

本次采用等离子体质谱法(ICP-MS)研究稀土元素。检测方法为 DZG20.01—1991,室内温度 22℃,相对湿度 65%,测试单位为自然资源部长沙矿产资源监督检测中心。稀土元素分析结果及特征参数见表 4-13(其中 YSW-1、YSW-5 为矿石;YSW-2、YSW-3、YSW-4 为闪长岩),玉石洼铁矿稀土元素标准化模式图见图 4-3。

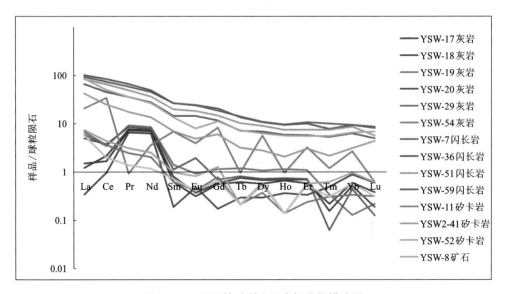

图 4-3 玉石洼铁矿稀土元素标准化模式图

4.2.3.1 地层稀土元素特征

从表 4-13 可以看出:玉石洼地层样品稀土总量(ΣREE)为 6.0×10^{-6} ~ 12.181×10^{-6},含量较低;轻稀土(LREE)含量为 5.53×10^{-6} ~ 11.125×10^{-6},重稀土(HREE)含量为 0.47×10^{-6} ~ 1.065×10^{-6};LREE/HREE 为 10.54 ~ 14.32,说明轻稀土相对重稀土强烈富集,重稀土亏损;δEu 为 0.54 ~ 2.62,铕异常弱正负均有;δCe 为 0.29 ~ 0.79,具负铈异常;从图 4-3 可看出,玉石洼地层样品标准化曲线为起伏较大的右倾曲线。

表 4-13　王石连铁矿区浆岩区浆岩稀土元素分析结果及特征参数

样品号	YSW-17	YSW-18	YSW-19	YSW-20	YSW-29	YSW-54	YSW-7	YSW-36	YSW-51	YSW-59	YSW-11	YSW2-41	YSW-52	YSW-8	YSW-16
样品名	灰岩	灰岩	灰岩	灰岩	灰岩	灰岩	闪长岩	闪长岩	闪长岩	闪长岩	矽卡岩	矽卡岩	矽卡岩	矿石	矿石
La/×10⁻⁶	0.106	0.462	1.867	0.376	1.568	2.1	29.3	31.5	26.2	20.7	30.7	13.2	26.9	2.3	1.8
Ce/×10⁻⁶	0.776	1.35	2.783	1.725	3.087	2.9	60.2	67.9	52.5	36.9	57.3	20.1	40.9	3.5	1.6
Pr/×10⁻⁶	0.797	0.891	1.113	0.918	1.041	0.3	7.22	8.09	6.05	4.39	6.68	2.11	4.42	0.38	0.17
Nd/×10⁻⁶	3.779	4.157	5.02	4.306	4.679	1.2	27.3	29.3	22	16.9	24.9	8.1	16.1	1.5	0.7
Sm/×10⁻⁶	0.037	0.119	0.274	0.154	0.221	0.12	5.24	5.15	3.86	2.82	4.14	1.36	2.63	0.19	0.14
Eu/×10⁻⁶	0.035	0.023	0.068	0.027	0.143	0.03	1.76	1.78	1.32	1.06	1.23	0.36	0.59	0.06	0.03
Gd/×10⁻⁶	0.045	0.142	0.294	0.15	0.18	0.2	4.81	5.27	3.8	3.03	4.56	1.58	2.9	0.33	0.17
Tb/×10⁻⁶	0.014	0.029	0.057	0.035	0.039	0.01	0.67	0.63	0.48	0.34	0.59	0.15	0.35	0.01	0.01
Dy/×10⁻⁶	0.096	0.181	0.348	0.217	0.23	0.12	3.53	3.44	2.9	2.18	3.19	0.91	2.04	0.19	0.17
Ho/×10⁻⁶	0.026	0.047	0.082	0.049	0.054	0.01	0.69	0.67	0.53	0.42	0.63	0.15	0.41	0.01	0.01
Er/×10⁻⁶	0.07	0.122	0.23	0.143	0.15	0.05	2.25	2.08	1.56	1.21	1.87	0.64	1.17	0.12	0.11
Tm/×10⁻⁶	0.016	0.007	0.011	0.005	0.002	0.01	0.33	0.25	0.24	0.17	0.26	0.07	0.18	0.02	0.01
Yb/×10⁻⁶	0.184	0.124	0.027	0.106	0.091	0.07	2.00	1.94	1.78	1.3	1.59	0.66	1.38	0.2	0.12
Lu/×10⁻⁶	0.019	0.012	0.007	0.006	0.004	0.01	0.28	0.26	0.18	0.16	0.23	0.14	0.22	0.02	0.01
Y/×10⁻⁶	0.716	1.351	2.493	1.378	1.352	1.00	19.3	18.3	14.8	11.8	16.8	5.6	12.5	1.3	1
ΣREE/×10⁻⁶	6	7.666	12.181	8.217	11.489	7.13	145.58	158.26	123.4	91.58	137.87	49.53	100.19	8.83	5.05
LREE/×10⁻⁶	5.53	7.002	11.125	7.506	10.739	6.65	131.02	143.72	111.93	82.77	124.95	45.23	91.54	7.93	4.44
HREE/×10⁻⁶	0.47	0.664	1.056	0.711	0.75	0.48	14.56	14.54	11.47	8.81	12.92	4.3	8.65	0.9	0.61
LREE/HREE	11.77	10.55	10.54	10.56	14.32	13.85	9.00	9.88	9.76	9.40	9.67	10.52	10.58	8.81	7.28
LaN/YbN	0.41	2.67	49.60	2.54	12.36	21.52	10.51	11.65	10.56	11.42	13.85	14.35	13.98	8.25	10.76
δEu	2.62	0.54	0.73	0.54	2.13	0.59	1.05	1.03	1.04	1.10	0.86	0.75	0.65	0.73	0.59
δCe	0.29	0.39	0.46	0.50	0.57	0.79	0.99	1.02	0.98	0.90	0.94	0.84	0.84	0.83	0.56

4.2.3.2 岩体稀土元素特征

从表 4-13 可以看出：玉石洼铁矿岩浆岩稀土总量（ΣREE）为 $91.58 \times 10^{-6} \sim 145.58 \times 10^{-6}$，含量较高；轻稀土（LREE）含量为 $82.77 \times 10^{-6} \sim 143.72 \times 10^{-6}$，重稀土（HREE）含量为 $8.81 \times 10^{-6} \sim 14.56 \times 10^{-6}$；LREE/HREE 为 $9 \sim 9.88$，说明轻稀土相对重稀土强烈富集，重稀土亏损，δEu 为 $1.03 \sim 1.1$，为弱的正铕异常；δCe 为 $0.9 \sim 1.02$，具弱铈异常；从图 4-3 可看出，玉石洼闪长岩标准化曲线为平滑的右倾曲线。

4.2.3.3 矿石稀土元素特征

玉石洼铁矿区稀土元素含量及特征参数见表 4-13，稀土元素球粒陨石标准化曲线图见图 4-3。从表 4-13 可以看出：玉石洼铁矿矿石稀土总量（ΣREE）为 $5.05 \times 10^{-6} \sim 8.83 \times 10^{-6}$，含量较高；轻稀土（LREE）含量为 $4.44 \times 10^{-6} \sim 7.93 \times 10^{-6}$，重稀土（HREE）含量为 $0.61 \times 10^{-6} \sim 0.9 \times 10^{-6}$；LREE/HREE 为 $7.28 \sim 8.81$，说明轻稀土较重稀土呈强烈富集，重稀土亏损。

4.3 符山铁矿地球化学

符山野外工作共采集 300 多个样品，其中 94 个样品做了成矿元素测试。样品送交自然资源部长沙矿产资源监督检测中心，湖南矿产测试利用研究所，使用仪器为 ICP-MS 全谱仪，室温 25℃，相对湿度 75%，检测方法 DZG20.01—1991。

地球化学值主要参照标准：黎彤（1967）对地壳元素丰度的测定见表 4-14；维氏丰度见表 4-15；涂和魏测定的沉积岩化学元素平均含量见表 4-16。

表 4-14　地壳元素丰度值　　　　　　单位：10^{-6}

元素	V	Cr	Co	Ni	Cu	Zn	Pb	W	Mo
地壳丰度	140	110	25	89	63	94	12	1.1	1.3

表 4-15　全球中性岩（闪长岩）化学元素平均含量　　　　单位：10^{-6}

元素	V	Cr	Co	Ni	Cu	Zn	Pb	W	Mo
含量	100	50	10	55	35	72	15	1	0.9

表 4-16　沉积岩 (碳酸盐) 中化学元素平均含量　　　　单位：10^{-6}

元素	V	Cr	Co	Ni	Cu	Zn	Pb	W	Mo
含量	20	11	0.1	20	4	20	9	0.6	0.4

4.3.1　符山各矿体地球化学

符山地区采样工作本着"从已知到未知"的思路，先后在符山一、四、六、七矿体进行了样品采集。表 4-17、表 4-19、表 4-20、表 4-21 分别为这四个矿体围岩、岩体及矿石样品部分成矿元素测试数据。

4.3.1.1　一号矿体

表 4-17　符山矿区一号矿体采样测试结果　　　　单位：10^{-6}

样号	V	Cr	Co	Ni	Cu	Zn	Pb	W	Mo	岩性
FSⅡ-01	87.64	13.54	216.00	41.79	681.10	26.57	10.59	1.35	0.51	磁铁矿
FSⅡ-02	49.05	12.40	75.27	74.31	92.34	50.49	11.18	2.73	0.40	磁铁矿
FSⅡ-03	53.86	8.99	57.17	16.28	31.86	27.97	12.78	1.07	0.27	磁铁矿
FSⅡ-05	44.81	17.64	56.26	22.86	67.59	89.31	25.55	1.10	0.37	矽卡岩
FSⅡ-06	47.49	11.12	76.40	11.18	57.38	60.26	10.56	0.55	0.21	矿化样
FSⅡ-07	128.90	233.90	17.07	83.71	21.03	22.27	13.20	0.89	0.61	蚀变灰岩
地壳丰度	140	110	25	89	63	94	12	1.1	1.3	黎彤 (1967)
碳酸盐含量	20	11	0.1	20	4	20	9	0.6	0.4	涂和魏

从表中可以看出：磁铁矿矿石中的 V 含量为 $49.05 \times 10^{-6} \sim 87.64 \times 10^{-6}$，变化较大；Cr 含量为 $8.99 \times 10^{-6} \sim 13.54 \times 10^{-6}$；Co 的含量为 $57.17 \times 10^{-6} \sim 216.00 \times 10^{-6}$，变化范围极大；Ni 的含量为 $16.28 \times 10^{-6} \sim 41.79 \times 10^{-6}$；Cu 的含量为 $31.86 \times 10^{-6} \sim 681.1 \times 10^{-6}$，变化范围极大；Zn 的含量为 $26.57 \times 10^{-6} \sim 50.49 \times 10^{-6}$；Pb 的含量为 $10.59 \times 10^{-6} \sim 12.78 \times 10^{-6}$；W 的含量为 $1.07 \times 10^{-6} \sim 2.73 \times 10^{-6}$；Mo 的含量为 $0.27 \times 10^{-6} \sim 0.51 \times 10^{-6}$。

与元素地壳丰度值相比，磁铁矿中贫 V、Cr、Ni、Zn、Mo，相对富集 Cu、Co，而 Pb、W 则与地壳丰度相差不大。

对一矿体中磁铁矿、矽卡岩及灰岩测试结果作蛛网图(图4-4),从图中可以看出,磁铁矿与矽卡岩及矿化样品之间成矿元素的相关性比较好,而蚀变灰岩部分元素相关性不强,明显可见 Cr、Co、Cu 元素不相关。

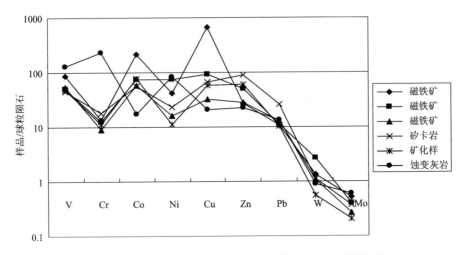

图4-4 符山一矿体矿石、矽卡岩及灰岩相关性分析蛛网图

对磁铁矿中成矿元素进行相关性分析(表4-18)得出:V 与 Cr、Co、Cu、Mo 呈正相关,与 Ni、Zn、Pb、W 呈负相关;Cr 与其他元素(除 Pb)均呈正相关;Co 与 Ni、Cu、Mo 呈正相关,与 Zn、Pb、W 呈负相关;Ni 与 Cu、Zn、Mo、W 呈正相关,与 Pb 呈负相关;Cu 与 Mo 呈正相关,与 Zn、Pb、W 呈负相关;Zn 与 W 呈正相关,与 Pb、Mo 呈负相关;Pb 与 W、Mo 呈负相关;W 与 Mo 呈正相关。

表4-18 一矿体磁铁矿中成矿元素相关性分析表

	V	Cr	Co	Ni	Cu	Zn	Pb	W	Mo
V	1								
Cr	0.607	1							
Co	0.976	0.765	1						
Ni	−0.183	0.670	0.035	1					
Cu	0.980	0.752	1.000	0.015	1				
Zn	−0.637	0.226	−0.454	0.875	−0.472	1			
Pb	−0.623	−1.000	−0.778	−0.655	−0.765	−0.207	1		
W	−0.462	0.425	−0.258	0.957	−0.277	0.978	−0.406	1	
Mo	0.774	0.973	0.893	0.481	0.884	−0.004	−0.978	0.205	1

4.3.1.2 六号矿体

从表4-19中可以看出：灰岩中各成矿元素较碳酸盐均值普遍偏低，仅有Co、Pb略高，从灰岩自身的特性来看，其本身对成矿的作用不可能作为成矿物质来源；矽卡岩中的微量元素虽然较灰岩有所富集，但依旧远远低于地壳丰度值；磁铁矿矿石部分V、Co含量高于地壳丰度，但其余元素均低于地壳丰度；闪长岩V、Cr、Co、Ni、Cu、Zn、Pb含量均高于均值，W含量与闪长岩均值相差不大，Mo含量低于丰度值。

从六矿体矿石、矽卡岩及闪长岩、灰岩相关性分析蛛网图（图4-5）来看，明显可见矿石成矿元素与灰岩相关性很差，矽卡岩次之，而闪长岩与磁铁矿成矿元素的相关性最好，可以说明二者在成因上有密切联系。

表4-19 符山矿区六号矿体采样测试结果　　　　单位：10^{-6}

送样号	V	Cr	Co	Ni	Cu	Zn	Pb	W	Mo	岩性
FSⅡ-08	7.63	6.64	2.16	3.46	1.18	2.10	11.05	0.60	0.12	灰岩
FSⅡ-10	91.63	9.92	19.95	17.64	9.36	25.47	10.62	0.55	0.25	矽卡岩
FSⅡ-11	70.72	12.88	42.49	48.94	63.51	17.25	9.83	0.51	0.25	磁铁矿
FSⅡ-12	327.50	8.82	55.56	83.28	55.09	18.58	9.92	0.51	0.26	磁铁矿
FSⅡ-13	222.20	189.50	34.96	80.69	58.23	97.27	18.10	0.94	0.60	闪长岩
FSⅡ-14	210.30	359.90	36.85	132.40	85.93	113.60	29.63	1.31	0.75	闪长岩
FSⅡ-15	169.00	380.60	37.76	140.50	35.50	99.00	23.16	0.80	0.45	闪长岩
地壳丰度	140	110	25	89	63	94	12	1.1	1.3	黎彤（1967）
闪长岩含量	100	50	10	55	35	72	15	1	0.9	维氏
碳酸盐含量	20	11	0.1	20	4	20	9	0.6	0.4	涂和魏

4.3.1.3 四号矿体

从表4-20中可以看出：闪长岩V、Cr、Co、Pb明显高于闪长岩平均含量，而Ni、Cu、Zn、W、Mo低于平均含量；磁铁矿中V、Cr、Ni、Cu、W、Mo、Zn明显低于地壳丰度，Co高于地壳丰度。

从符山四矿体磁铁矿矿石、闪长岩相关性分析蛛网图（图4-6）分析来看，闪长岩成矿元素与磁铁矿矿石成矿元素之间具有很好的相关性，可以说明二者在成

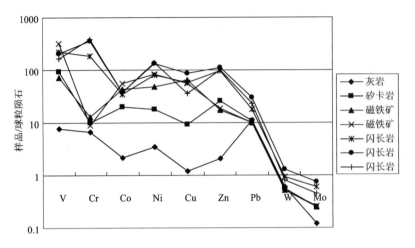

图 4-5　符山六矿体矿石、矽卡岩及闪长岩、灰岩相关性分析蛛网图

因上的密切联系。

表 4-20　符山矿大西沟（四号矿体）采样测试结果　　　　单位：10^{-6}

送样号	V	Cr	Co	Ni	Cu	Zn	Pb	W	Mo	岩性
FSⅡ-16	229.50	88.34	30.26	27.67	16.98	45.48	17.17	0.77	0.36	闪长岩
FSⅡ-17	229.60	80.18	30.07	26.94	17.32	51.38	24.97	0.68	0.41	闪长岩
FSⅡ-18	232.00	115.20	36.06	44.04	19.15	62.28	166.50	0.58	0.40	闪长岩
FSⅡ-19	38.52	12.06	59.12	8.23	47.32	58.04	11.33	0.65	0.23	磁铁矿
FSⅡ-20	39.15	16.17	82.10	5.84	54.44	140.50	10.70	0.47	0.27	磁铁矿
FSⅡ-21	31.88	10.51	36.44	8.80	33.04	24.81	9.78	0.48	0.19	磁铁矿
地壳丰度	140	110	25	89	63	94	12	1.1	1.3	黎彤(1967)
闪长岩含量	100	50	10	55	35	72	15	1	0.9	维氏
碳酸盐含量	20	11	0.1	20	4	20	9	0.6	0.4	涂和魏

4.3.1.4　七号矿体

从表 4-21 可以看出磁铁矿 V、Cr、Ni、Zn、W、Mo 含量均低于地壳丰度值，Co、Cu 高于地壳丰度值，Pb 与丰度值相差不大；闪长岩 V、Cr、Co、Ni 高于闪长

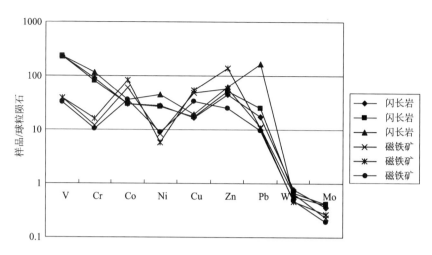

图 4-6　符山四矿体磁铁矿矿石、闪长岩相关性分析蛛网图

岩平均值，Cu、Zn、W、Mo 低于均值。

从符山七矿体磁铁矿矿石、闪长岩相关性分析蛛网图(图 4-7)来看，除去一条较为偏离成矿元素分布曲线的折线，可以发现闪长岩与磁铁矿成矿元素之间具有很好的相关性，说明二者在成因上的密切联系。

表 4-21　符山地区鑫宝七号铁矿采样测试结果　　　　　单位: 10^{-6}

送样号	V	Cr	Co	Ni	Cu	Zn	Pb	W	Mo	岩性
FSⅡ-22	60.67	16.48	47.41	24.40	64.60	16.04	10.38	0.57	0.23	磁铁矿
FSⅡ-23	199.20	119.80	28.95	44.59	14.63	63.87	18.43	0.59	0.39	磁铁矿
FSⅡ-24	7.84	11.76	3.03	2.51	0.83	8.22	15.00	0.87	0.24	磁铁矿
FSⅡ-25	204.70	183.60	26.22	80.26	15.85	44.13	17.18	0.64	0.33	闪长岩
FSⅡ-26	155.80	192.90	28.19	89.24	11.80	45.30	12.06	0.68	0.47	闪长岩
FSⅡ-27	63.08	11.55	34.18	24.33	83.76	13.84	9.53	0.76	0.27	磁铁矿
FSⅡ-28	120.20	9.69	29.02	40.26	70.07	7.09	10.39	0.68	0.25	磁铁矿
FSⅡ-29	117.40	9.93	28.58	37.68	63.24	7.75	8.80	0.49	0.27	磁铁矿
FSⅡ-30	116.50	12.89	30.90	37.27	70.54	7.48	11.04	0.69	0.27	磁铁矿
地壳丰度	140	110	25	89	63	94	12	1.1	1.3	黎彤 (1967)

续表4-21

送样号	V	Cr	Co	Ni	Cu	Zn	Pb	W	Mo	岩性
闪长岩含量	100	50	10	55	35	72	15	1	0.9	维氏
碳酸盐含量	20	11	0.1	20	4	20	9	0.6	0.4	涂和魏

综上可以得出符山矿区四个矿体在部分成矿元素方面的共同点：磁铁矿中 Co 明显高于地壳丰度值，其余元素大多低于丰度值；闪长岩体中 W、Mo 明显低于平均含量，V、Cr、Co、Ni 高于平均含量；而其元素间的相关性没有明显的规律。从围岩、矽卡岩、闪长岩及磁铁矿矿石成矿元素相关性分析来看，闪长岩与磁铁矿矿石相关性最好，二者成因上有密切联系。

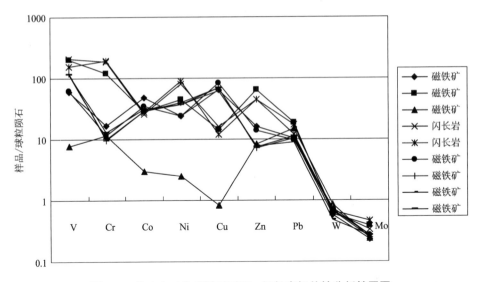

图4-7 符山七矿体磁铁矿矿石、闪长岩相关性分析蛛网图

4.3.2 主量元素

符山地区主量元素主要引用李玺安（表4-22）的数据及彭头平（表4-23）的数据。由两个表对比可以看出，符山闪长岩主量元素含量变化很大，$w(SiO_2)$ = 52.26% ~ 62.3%；$w(Al_2O_3)$ = 15.68% ~ 20.28%；$w(MgO)$ = 1.95% ~ 7.12%；$w(TiO_2)$ = 0.51% ~ 0.79%；$w(K_2O+Na_2O)$ = 6.53% ~ 11.40%，而 TFe 含量较低，具备高硅富铝高碱的特点。

表 4-22 中的主量元素的 CIPW 标准矿物计算结果见表 4-24，可以看出闪长岩主要造岩矿物为钙长石、钠长石、正长石及紫苏辉石，磁铁矿为岩体中重要的矿物，磁铁石可以吸起野外闪长岩体风化颗粒说明了这点。

在主量元素 HarKer 图解（图 4-8）上可以看出，MgO、FeO（FeO+Fe$_2$O$_3$）、CaO、TiO$_2$ 和 P$_2$O$_5$ 随 SiO$_2$ 含量的增加而降低，而 Al$_2$O$_3$ 与 SiO$_2$ 的含量变化关系不明显，董建华对符山基性岩及中性岩浆岩对比分析后，认为 Al$_2$O$_3$ 及碱性组分随 SiO$_2$ 的增加而增加。总体上认为区内闪长岩有相似的岩浆演化趋势，表明其应是同一岩浆系列的演化产物。

表 4-22 符山矿区岩浆岩化学成分（李玺安，1993） 单位：%

岩石名称	SiO$_2$	Al$_2$O$_3$	CaO	MgO	Fe$_2$O$_3$	FeO	MnO	TiO$_2$	P$_2$O$_5$	K$_2$O	Na$_2$O	烧失量
角闪闪长岩	52.26	15.87	7.14	7.12	5.92	3.16	0.15	0.70	0.36	1.67	2.77	2.46
黑云母闪长岩	55.72	17.89	6.13	3.13	4.72	3.52	0.18	0.61	0.38	2.30	3.36	1.25
斑状闪长岩	53.74	17.05	6.77	4.74	4.70	3.72	0.16	0.72	0.43	2.05	3.50	1.74
正长闪长岩	56.04	20.28	4.59	2.88	3.73	3.40	0.13	0.75	0.34	3.00	4.85	1.40
石英闪长岩	56.96	19.94	4.53	2.27	3.80	3.43	0.16	0.63	0.28	3.85	4.30	1.22

表 4-23 符山岩体闪长岩主量元素分析表（彭头平，2004） 单位：%

样品	符山岩体闪长岩			
	20HD-14	20HD-22	20HD-23	20HD-25
SiO$_2$	58.10	59.69	62.3	56.04
Al$_2$O$_3$	15.68	16.58	16.77	16.02
Fe$_2$O$_3$	4.56	3.25	3.47	4.04
FeO	2.63	2.93	2.0	4.07
CaO	5.05	5.31	5.11	6.33
MgO	3.66	2.48	1.95	3.89
K$_2$O	2.68	2.84	0.49	2.51

续表4-23

样品	符山岩体闪长岩			
	20HD-14	20HD-22	20HD-23	20HD-25
Na₂O	5.27	4.39	6.07	3.89
P₂O₅	0.36	0.24	0.23	0.3
MnO	0.07	0.06	0.04	0.13
TiO₂	0.75	0.52	0.51	0.79
LOI	0.92	1.39	0.8	1.6
合计	99.73	99.68	99.74	99.61

表4-24　CIPW标准矿物计算结果(据李玺安数据计算)

参数\样品号	角闪闪长岩	黑云母闪长岩	斑状闪长岩	正长闪长岩	石英闪长岩
石英(Q)	3	8.14	3.64	1.34	3
钙长石(An)	26.79	27.56	25.42	20.57	20.63
钠长石(Ab)	24.21	29.08	30.41	41.07	36.36
正长石(Or)	10.19	13.9	12.44	17.74	22.73
刚玉(C)				1.52	1.13
透辉石(Di)	5.94	0.83	5.02		
紫苏辉石(Hy)	23.38	14.07	16.29	11.22	9.83
钛铁矿(Il)	1.37	1.19	1.4	1.43	1.2
磁铁矿(Mt)	4.25	4.33	4.37	4.32	4.47
磷灰石(Ap)	0.86	0.9	1.02	0.79	0.65
合计	99.99	100	100	100	99.99
分异指数(DI)	37.4	51.12	46.49	60.15	62.09
A/CNK	0.82	0.934	0.84	1.036	1.024
SI	35.02	18.58	25.58	16.19	12.91
AR	1.48	1.62	1.61	1.92	2
A/MF	0.53	0.94	0.73	1.2	1.29
C/MF	0.43	0.59	0.53	0.49	0.53

说明:用 Le Maitre R W(1976)方法按侵入岩调整氧化铁;氧化物在去 H_2O 等以后重换算为100%;标准矿物为质量分数。

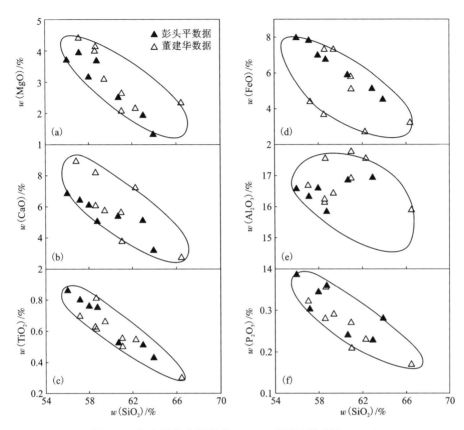

图 4-8 符山岩体主量元素 HarKer 图解 (彭头平, 2004)

4.3.3 稀土元素

符山铁矿区稀土元素含量及特征参数见表 4-25, 稀土元素球粒陨石标准化配分曲线见图 4-9。

表 4-25 符山铁矿区岩浆岩稀土元素含量 (据董建华, 2003)　单位: 10^6

样号	xs-1	xs-2	xs-3	xs-4	xs-8	xs-10	xs-11	xs-12	xs-13	xs-15
La	29.08	22.98	29.71	18.81	32.02	29.03	29.39	26.42	33.22	32.35
Ce	54.16	48.9	64.18	43.04	62.88	60.85	60.13	55.54	67.17	61.99
Pr	5.98	6.04	7.38	5.03	7.31	7.15	6.28	5.94	7.87	6.66

续表4-25

样号	xs-1	xs-2	xs-3	xs-4	xs-8	xs-10	xs-11	xs-12	xs-13	xs-15
Nd	24.66	28.49	33.15	24.95	31.87	33.77	28.01	26.38	33.98	29.04
Sm	4.5	5.82	6.56	4.92	5.53	6.31	4.78	4.51	5.89	5.21
Eu	1.54	1.83	1.96	1.96	2.12	2.22	1.83	1.64	2.12	1.93
Gd	3.74	5.18	5.22	4.45	4.72	5.26	3.92	3.54	5.27	4.08
Tb	0.5	0.71	0.73	0.62	0.65	0.72	0.55	0.52	0.71	0.57
Dy	2.73	4.05	3.8	3.58	3.75	3.94	3.2	3.09	4.02	3.32
Ho	0.53	0.78	0.8	0.69	0.73	0.74	0.62	0.59	0.79	0.62
Er	1.53	2.28	2.29	1.84	2.03	2.07	1.73	1.73	2.15	1.82
Tm	0.23	0.32	0.33	0.26	0.31	0.3	0.27	0.27	0.31	0.26
Yb	1.48	2.03	2.2	1.47	1.95	1.89	1.79	1.82	2.1	1.69
Lu	0.22	0.31	0.34	0.22	0.31	0.28	0.29	0.29	0.31	0.26
ΣREE	130.88	129.72	158.65	111.84	156.18	154.53	142.79	132.28	165.91	149.80
LREE	119.92	114.06	142.94	98.71	141.73	139.33	130.42	120.43	150.25	137.18
HREE	10.96	15.66	15.71	13.13	14.45	15.20	12.37	11.85	15.66	12.62
LREE/HREE	10.94	7.28	9.10	7.52	9.81	9.17	10.54	10.16	9.59	10.87
$(La/Yb)_N$	14.09	8.12	9.69	9.18	11.78	11.02	11.78	10.41	11.35	13.73
δEu	1.12	1.00	0.99	1.26	1.24	1.15	1.25	1.21	1.14	1.23
δCe	0.95	1.00	1.03	1.06	0.97	1.01	1.03	1.04	0.98	0.98

注:xs-1、xs-8、xs-10、xs-13 为闪长岩;xs-2、xs-4 为辉长岩;xs-3 为辉长闪长岩;xs-11、xs-12 为石英闪长岩;xs-15 为二长闪长岩。

从表4-25可以看出:符山铁矿岩浆岩稀土总量(ΣREE)为 111.84×10^{-6} ~ 165.91×10^{-6},含量较高;轻稀土(LREE)含量为 98.71×10^{-6} ~ 150.25×10^{-6},重稀土(HREE)含量为 10.96×10^{-6} ~ 15.71×10^{-6};LREE/HREE 为 7.28 ~ 10.94,说明轻稀土强烈富集,重稀土亏损;δEu 为 0.99 ~ 1.26,为弱负铕异常到球粒陨石型;δCe 为 0.95 ~ 1.06,具弱铈异常。稀土元素配分曲线为略向右倾到水平平滑曲线。

从图4-9可看出,符山各种类型的闪长岩标准化曲线均为平滑的略向右倾曲线,且形态极为相似,可以说明各类符山闪长岩均遵循相同的岩浆演化过程,为同源岩浆分异的结果。

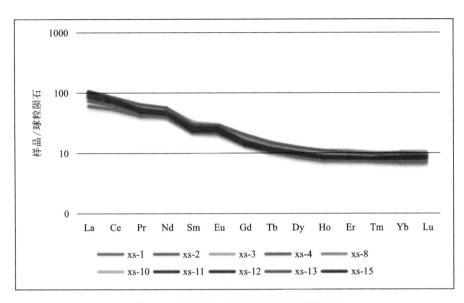

图4-9 稀土元素球粒陨石标准化配分图

通过对符山各矿体系统采样分析及前人资料进行研究，根据地球化学特征数据信息，可以得出以下主要认识：

（1）符山矿区磁铁矿矿床系矽卡岩型矿床，其成矿与闪长岩体最为密切。

（2）符山各种类型的闪长岩体为同源岩浆演化分异的结果。

（3）符山磁铁矿中未见明显的其余矿种富集，只有个别样品中 Cu、Co 含量较高（如一矿体），但并不是普遍现象，未达到富集成矿的程度。

第 5 章 成矿预测及找矿靶区

5.1 玉泉岭铁矿成矿预测

5.1.1 背景值与异常下限值的确定方法

根据元素数值及直方图的分布型式，选择逐步剔除法。将每个样品的每个元素的全部数据，首先进行频率分布类型检验，对近似正态分布的元素，剔除 $\bar{x} \pm 2S$ 以外的异常值，连续剔除至无异常值为止。然后用算术均值表示元素含量集中的趋势，用标准差表示其分散的程度。经统计计算得出 V、Cr、Co、Ni、Cu、Zn、Mo、W、Pb 背景值及异常下限值如表 5-1 所示。

表 5-1 元素异常特征参数表　　　　　数值单位: 10^{-6}

元素	V	Cr	Co	Ni	Cu	Zn	Mo	W	Pb
背景值	3.76	10.64	1.89	14.26	4.26	7.57	0.38	1.01	7.25
标准差	2.34	0.89	0.17	0.96	0.43	3.11	0.20	0.59	1.10
异常下限	8.44	12.42	2.23	16.18	5.12	13.79	0.38	2.19	9.45

5.1.2 异常解析推断

1. V

V 元素异常等值线主要分布在玉泉岭铁矿东南部(图 5-1)，近东西向分布，具良好的内、中、外带，呈椭圆状，异常面积约 1.12 km²，疑为矿致异常。

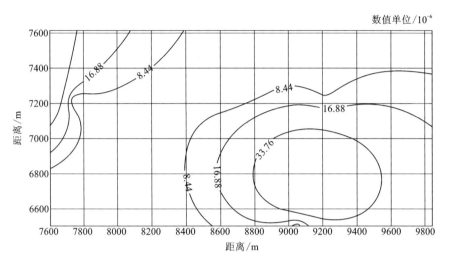

图 5-1 玉泉岭铁矿 V 元素异常等值线图

2. Cr

Cr 元素异常等值线分布在玉泉岭铁矿整个矿区(图 5-2)，近东西向分布，呈条带状，具内、中、外带，异常面积约 1.64 km²，疑为矿致异常。

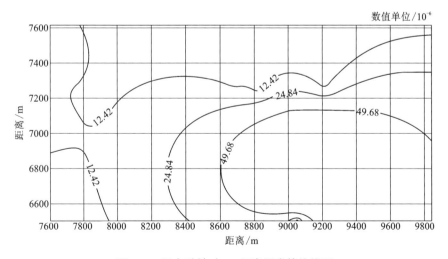

图 5-2 玉泉岭铁矿 Cr 元素异常等值线图

3. Co

Co 元素异常等值线分布在玉泉岭铁矿整个矿区(图 5-3),近东西向分布,具良好的内、中、外带,呈条带状,异常面积约 1.20 km^2,疑为矿致异常。

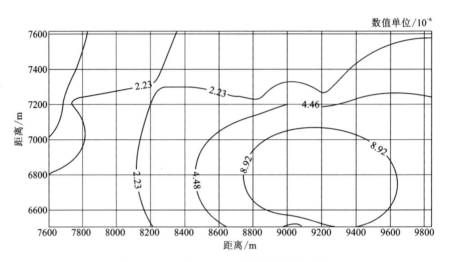

图 5-3　玉泉岭铁矿 Co 元素异常等值线图

4. Ni

Ni 元素异常等值线主要分布在玉泉岭铁矿东南部(图 5-4),近东西向分布,具良好的内、中、外带,呈椭圆状,异常面积约 1.48 km^2,疑为矿致异常。

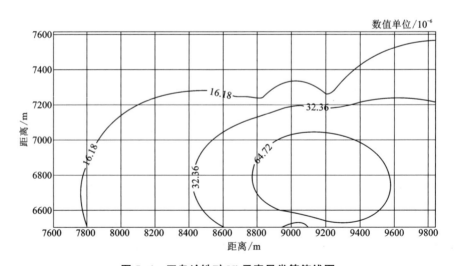

图 5-4　玉泉岭铁矿 Ni 元素异常等值线图

5. Cu

Cu 元素异常等值线主要分布在玉泉岭铁矿东南部(图 5-5),近东西向分布,具良好的内、中、外带,呈椭圆状,异常面积约 1.32 km²,疑为矿致异常。

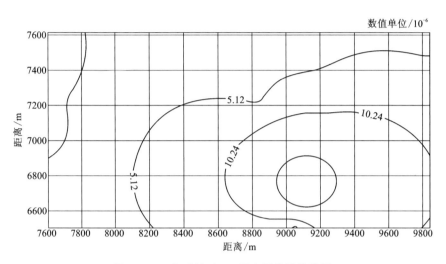

图 5-5 玉泉岭铁矿 Cu 元素异常等值线图

6. Zn

Zn 元素异常等值线主要分布在玉泉岭铁矿东南部(图 5-6),近南北向分布,具内、中、外带,呈不规则状,异常面积约 1.40 km²,疑为矿致异常。

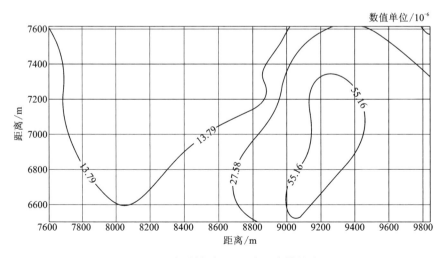

图 5-6 玉泉岭铁矿 Zn 元素异常等值线图

7. Mo

Mo 元素异常等值线主要分布在玉泉岭铁矿北部(图 5-7),近东西向分布,具外带,呈圆形,异常面积约 0.20 km²,疑为矿致异常。

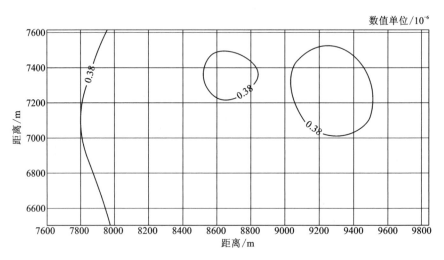

图 5-7　玉泉岭铁矿 Mo 元素异常等值线图

8. W

W 元素异常等值线主要分布在玉泉岭铁矿北中部(图 5-8),具外带,呈圆形,异常面积约 0.04 km²,疑为矿致异常。

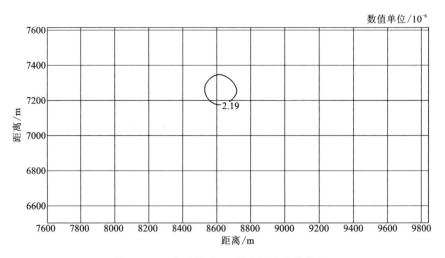

图 5-8　玉泉岭铁矿 W 元素异常等值线图

9. Pb

Pb 元素异常等值线主要分布在玉泉岭铁矿东南部(图 5-9),近东西向分布,具良好的内、中、外带,呈不规则状,异常面积约 0.96 km²,疑为矿致异常。

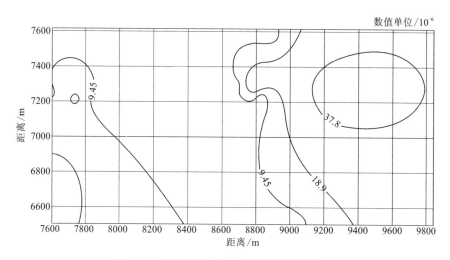

图 5-9　玉泉岭铁矿 Pb 元素异常等值线图

成矿元素地球化学异常通常被认为是在成矿作用过程中元素相对富集的结果,它对成矿有重要指示作用。上述元素异常区与原矿体存在部位吻合较好,可以作为重要找矿标志。根据前人资料及现场勘查,可以判断本区并未有相关矿体产出,认为上述成矿元素的相对富集仅仅作为主成矿元素富集过程中的伴生,为矿致异常。运用地球化学方法寻找同类矽卡岩型磁铁矿矿床时,可以作参考。

5.1.3　靶区选取及依据

玉泉岭矿区历经几十年的开采,地表可开展物探作业的区域极少,多为塌陷区、采空区,且地表散落矿石、含矿岩石及废石堆均对物探作业影响很大。

通过对本区进行实地勘查,结合矽卡岩矿床成矿理论,总体认为本区原矿体在垂向上向下无延伸迹象,成矿潜力不大。控矿因素明显受接触带构造型式控制,矿体赋存部位为构造的有利成矿位置,故本区找矿思路还是在低缓磁力异常基础上,结合现场实际,首先寻找矿区内未被重视的盲矿体,其次利用地球物理手段,选取最具代表性的测线进行玉泉岭矿区深部物探工作,进而查明整个矿区地表以下 1500 m 内地质情况及下接触带形态特征。

矿区以北为玉泉岭村,历史勘探资料表明,该村地下仍保有一定的矿产储量,但不能开采。

本次工作于玉泉岭村南原矿体所在部位布置测线 3,用以查明在同一部位上深部是否有成矿可能,在原矿体南布置测线 1、2,与测线 3 一起解释玉泉岭矿区深部 1500 m 内的地质情况,并力争在本区发现盲矿体,实现找矿突破。

5.2　玉石洼铁矿成矿预测

经过对邯邢式铁矿的控矿因素、成矿规律以及成矿模式的研究探讨,发现邯邢式矽卡岩铁矿严格受地层、岩体及构造控制,工业矿体均赋存于接触面及其附近,控矿规律明显,模式清晰。适合运用相似对比的原则,以矿区内地质条件的惯性趋势为线索,开展趋势外推法进行成矿预测。因此研究工作将立足于玉石洼铁矿的已知特征,据矿体赋存的主要条件接触面的延伸变化趋势,从已知地段推测深边部成矿条件优劣,并综合运用遥感、物探手段进行深边部找矿探测。

5.2.1　遥感工作

本次解译以邯郸地区 TM741 和 ETM741 彩色合成图像为基础,参照已有河北武安至涉县一带 1∶10 万区域地质图,从已知地质体出发,用类比与经验相结合的方法,完成矿区遥感地质综合解译工作。

遥感图像根据地形、水系、色调、色彩差异,提取多个环形构造,主要环形构造分别为 R1、R2 至 R8。这些环形构造以 R1 环形构造为主体,其中多个环形形成聚合体,其余均汇聚于 R1 北东部。

R1 近似圆形,直径约为 4.5 km,环内包括云驾岭、上焦寺、西寨坡、西石门、郭二庄、矿山村等区域,R1 以色调色彩环状异常及山体形状为特征。经本次实地调研核实,该构造系矿山岩体出露后,由于岩体和上覆围岩灰岩抗风化能力差异,中央岩体部分受风化剥蚀后形成负地形,而上覆灰岩在环形构造近外环部分断续残留,形成环形构造。

R2 为一长轴方向近北北东向椭圆形构造,长轴约 1.5 km,在 R1 北东部呈聚合接触,该环形构造包括西石门、矿石村、韩庄、锁会村等区域,R2 以色调色彩环状异常为主要特征。经本次实地调研工作核实,R2 多由直接出露岩体和岩体上覆灰岩构成，因该区域岩石多具钠化特征，推测岩体蚀变在遥感波段上的反映是该环形色斑形成的主要因素之一。

本次解译工作结合地形提取线性构造多条，大致可分为三组：

北东向组，由线性构造 L9 至 L12 组成，该组构造与区域主构造线方向相同，且不受环形构造影响，实地调研多为北东向褶皱，部分为山间负地形。考虑该组构造与环形构造的关系，推测其可能同时或晚于环形构造形成。

北西西向组，由线性构造 L1 至 L5 组成，该组多位于 R1 南东方，实地调研多为北西西向隆起，由于地质资料不足及条件限制，多条构造性质不明。解译图件显示，该构造组受环形构造影响较大，除南边 L1，在 R1 2 km 外切过，保持原状，其余多条均与 R1 相交后隐没消失。据此推断该组线性构造形成可能早于 R1 环形构造。

北北西向组，该组构造多产于环形构造内，形迹均不明显，多数仅隐约可见，实地调研发现其多为山谷，或山间平地。

由于受侵入期次及后续地质活动影响，R1 构造在北东部缺失，呈开口状，形成马蹄形构造。从遥感所显示的环形及线性构造来分析，该马蹄形构造控制三种类型：一是环形区内残留体成矿，如五家子铁矿；二是该环形构造外圈，由岩核上隆形成的附生单斜构造，如玉石洼铁矿；三是马蹄北东开口处，环形构造与其东侧北东向小规模线性构造系交会处，如西石门铁矿。

玉石洼矿区所在区域，系矿山岩体环形构造马蹄形南侧，岩体在尖山端出露，南向隐没，形成尖山端岩核附生单斜，该单斜控矿构造协同下伏闪长岩共同控制接触带展布及变化，控制单斜内铁矿产出及赋存位置、形态及产状。同处在该单斜及其次生小背斜上的矿体，还包括矿山北西的燕山矿体以及云驾岭矿体。作为矿区主要控矿因素之一，该构造的南向延伸显示了矿区边部具较大赋矿可能性。

本研究依据环形影像结构的特征，结合已有地、物、化资料分析提出了下列成矿远景地段：

矿区北东段，位于矿山大环形构造带与蕙兰村—尖山北东向构造交会部位。矿山大环形影像的边部结构较为简单，出露地层为中奥陶统地层，其下隐伏闪长岩，可列为下一步工作的地段。

矿区南西部，该部处于环形影像与北西向线性构造交会部位，该部位靠环形影像部分为现有矿体，对比探采情况发现，该交会部位位于玉石洼北西向弯弧背隆顶部，目前仍有宽 300 m 左右区域，前期勘查工作未曾控制，据现有地质资料推测，为隐伏岩体南段延伸部分，其上为中奥陶统灰岩的延续。成矿条件良好，可列为下一步工作的地段。

5.2.2 磁异常特征

剩磁异常平面等值线图展示了剩磁异常平面分布特征，由图 5-10 可以看出，矿区磁异常整体上表现为北西高、南东低的区域性磁场特征。在此背景上，叠加数个规模、强度互不相同的局部磁异常，异常在空间展布上带状特征突出，其走向整体上呈北西西向，与矿区矿体构造线方向基本一致。

从异常幅值特征分析，测区内磁异常最低值为-200γ左右，最高值达1300γ左右，大部分磁异常值在200γ至400γ之间，可见除矿体正上方磁异常中心为高值外，整体并不很强，应属弱磁异常区。此外图形显示的北高、南低的区域性磁场实际对应了隐伏岩体由北向南倾伏趋势。

据矿区已有地质资料，异常平面图显示正负异常伴生两个圈闭的磁异常对应为玉石洼矿体，玉石洼矿体埋深多在 200 m 左右，局部达+150 m 水平，可以定性为深源磁源体，其异常特征表现为由正负异常结合部往西北向异常强度增强但规模却呈尖灭现象，负异常南东宽、缓、弱，这种现象反映出矿体在南东端深度较大，而北西端稍小。而图 5-10 显示的正负异常伴生部位及两高值中心，对应矿区勘探线 B1-6 线，矿体于该处向地表分支，形成多层产状较陡的透镜状矿体，故推测这就是造成磁异常显示高值中心及负值的主要原因。据此说明该剩磁异常与矿体实际产状高度对应。而矿区南东部云驾岭矿体由于埋深较大，多在+150 m 水平以下，地表剩磁异常未见明显高值中心，剩磁异常值多在 300γ 至 400γ 之间，且异常形态不具明显规则，仅呈弱带状分布。

因此对照区内已有矿体资料，可将剩磁异常平面等值线图展示的包括玉石洼矿体、燕山矿体、尖山矿体以及云驾岭矿体在内的多个矿体，按磁异常中心分为下述 4 种类型：

类型 1 为浅部高值，以尖山铁矿为代表，矿体接近地表，形成极大峰值。

类型 2 为深部高值，燕山矿体及玉石洼矿体均属于此种对应关系，距地表 200 m 左右，形成明显峰值中心，圈闭良好。

类型 3 为深部低值，在异常图与矿体对应关系上，对应云驾岭及副井北东 0 号川+150 m 水平。剩磁异常值为 300γ 左右，无明显高峰值中心，但等磁线呈圈闭形式。

类型 4 为无特征区域，见图 5-10 中异常分区 4，该类型无明显峰值，等磁线亦无圈闭迹象，但深部对应有矿存在。

　　由上述磁异常矿化带与已知矿体的对应关系表明，本区剩磁异常大致直接反映磁铁矿的存在，根据剩磁特征和矿体赋存条件的耦合关系，显示由于埋深及矿体形态差异，叠加在区域磁场上的局部磁异常反映深部矿体形迹时显示多种特征，当磁铁矿富集程度高、规模较大或者埋深小时异常较强或尖锐，当埋深大时异常变得平缓、低弱，有时甚至难以检测到或直接分辨出。因此对于部分深部成矿区段呈弱磁异常反应，如深部低值的云驾岭矿体的磁异常，以及无圈闭中心的无特征磁异常区域，必须引起重视。

　　据上述矿区的磁异常形态特征和矿体的对应关系，并结合已有地、物、化资料，本次分析工作提出了下列成矿远景地段。

　　远景Ⅰ：在矿区中部北东侧发育成矿前景良好的异常中心（图5-10），由于前期工作成图范围限制，并未涉及工作区外，但是据该异常形态与峰值推断，异常具北东向延续态势，且圈闭趋势明显。显示下部矿体存在的可能性极大。该区域应具备良好成矿前景。

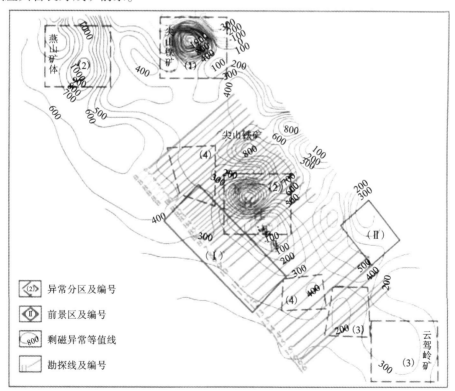

图 5-10　矿区剩磁异常特征分类及前景分区示意简图

远景Ⅱ：远景Ⅱ区位于在矿体南侧，在玉石洼矿体对应 2 号磁异常西南侧 300 m 范围内，矿体剩磁异常最外侧的峰值为 300γ 的等磁线走向北西，与燕山矿体南东向延伸出来的峰值为 300γ 的等磁线在该区域平行夹合形成峰值为 300γ 左右范围的剩磁异常稳定区。考虑区内矿体与剩磁异常对应良好，依照前述磁异常-矿体对应模式来推断，该区域内剩磁形态提示深部有较大可能存在磁性体。

5.2.3 控矿特征分析

玉石洼铁矿主要产于灰岩和闪长岩的接触带上，矿体顶板一般为大理岩，局部为矽卡岩和闪长岩；底板多为闪长岩，局部有少量的矽卡岩。矿体内夹层较少，仅在局部见到一些矽卡岩和灰岩。矿体产状多与接触面形态产状吻合，主矿体 Fe1 呈 NW-SE 走向，倾向 SW，倾角较缓，一般多在 10°～25°，显示矿体形态和产状主要受接触带控制。

矿体走向上总体为似层状，整体为北高南低，自 NW 向 SE 倾伏，倾伏角一般为 5°左右，形态较稳定。矿区勘查资料显示，深部接触面因受岩体形态约束，局部波状起伏发育，矿体发育程度在各部位区别较大。由于本矿深部断裂构造较少，矿体走向上接触带控矿形式多为岩凹、岩凸类型，如图 5-11 所示。勘查资料显示矿区内沿矿体走向上岩凹控矿类型矿体发育较为厚大。

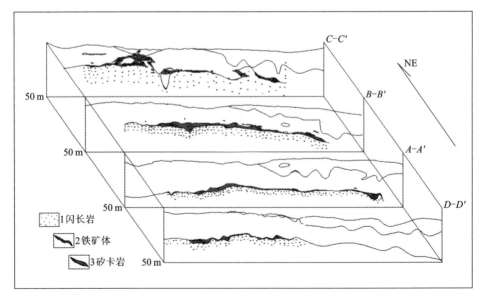

图 5-11 玉石洼矿区矿体走向剖面 A'-D' 联合剖面图

　　横剖面上矿体赋存情况较为复杂,矿区勘查资料显示(图 5-12):14~16 线矿体厚度一般在 20~30 m,呈舒缓波状起伏,略有弯曲,矿体多随岩凸、岩凹起伏;在 B15 线 CKF47 孔中,在主矿体上部顶板灰岩中间 6~7 层透镜状小矿层,显示有层间裂隙控矿;B7~B13 线矿体呈一宽缓马鞍状,为典型岩凸控矿,凸起以 A-A' 为轴线,多在岩体凸起面中间偏北东侧上发育厚大矿体,沿岩凸两端矿体下延变薄,此种类型矿体形态较规则、稳定。该区域灰岩上盖内亦可见小型透镜状矿体存在;B2~B7 线矿体形态产状较为复杂,变化较大。矿体东侧由于岩体侵入非整合面,产状复杂,多层透镜状岩体侵入灰岩中,显示接触面与非整合面联合控矿的特征,矿体则相应变化,时合时分,分多层上扬,间杂灰岩闪长岩及矽卡岩;矿体西侧自 B3 线往北则沿接触带呈尖灭再现,矿体在平面上分成东西两部分,均为岩凸控矿,矿体多发育于岩凸侧部,形态规则,产状稳定。东部矿体向北西延伸至 B3 线后尖灭,西部矿体北西向延伸至 B5 线,呈倒放马鞍状。

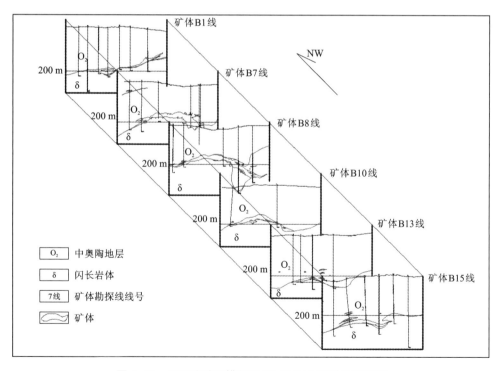

图 5-12　玉石洼矿区横剖面 B1 至 B15 线联合剖面图

　　上述规律显示,矿区内接触面主要控矿类型较为单一,矿体走向上以岩凹控矿为主，接触面凹陷入岩体则矿体发育良好，倾向上多为岩凸控矿为主。矿体多沿岩凸顶部及东侧部分发育。可据此规律，在原有矿体边部进行类比及趋势外推预测工作。

5.2.4 预测区选取

由上所述，根据对已有的勘查资料、工程揭露信息的分析，本次研究依据控矿因素和成矿规律，分析矿区有利成矿条件的外延趋势，综合多元信息，优选了两个预测区，详述如下。

（1）预测区 I：位于主矿体西南部，测区为一长方形，长边为北西向展布，面积 0.4 km²。本区地表第四系覆土发育，区内近南北向冲沟内部分出露第三系砾石层。砾石由不同粒度的卵石组成，胶结物为黏土，其中有时可见 1~5 m 的红褐色亚黏土层，砾石成分主要为石英砂岩及长石石英砂岩，磨圆度一般较好，分选较差，大小不一，直径可由几厘米变化到 1 m 以上。在本矿区内，勘查资料揭示该层砾石多上覆于奥陶系灰岩之上，呈不整合接触。

尽管本区岩石出露情况不良，但依据构造条件，坑道揭露，及地形条件判定本区作为尖山岩核附生背斜的南向延伸。由惠兰村至尖山以西，灰岩近东西向连续出露，岩性连续，产状稳定，从东至西，倾伏方向逐渐由南东向，过渡至南西向，后隐没于云驾岭—玉石洼—燕山铁矿所在背隆。坑道揭露情况亦吻合地表地质情况推测。下盘运输道多穿过闪长岩，经坑壁出露及钻探勘查显示，发现岩体在南向方向延伸并无控制。

矿区勘查线剖面图显示，接触带过矿区继续南向延伸，趋势良好。同时本区南侧，由郭家岭村至井沟村北西向背隆带上，连续多处民采点揭示，由此可见矿山岩体尖山出露部分及其上覆灰岩所构成的接触带，过矿区后，有极大可能继续南向延续，并在该北西背隆上形成多处矿体。

同时由前述遥感解译及剩磁异常分析，该区域仍然处于 R1 环形构造与 L2 背隆交会部位，且据前述地表剩磁异常形态分析，为远景 II 区所在部位，故将其列为成矿预测靶区。

（2）预测区 II：位于南副井近东，测区为一长方形，长边北西向展布，面积 0.18 km²。本区横跨惠兰河，地表勘验可见河岸两侧多处中奥陶统灰岩出露，条带状灰岩夹部分白云岩条带。经前述章节分析，该中奥陶统灰岩层间各类构造发育，为成矿有利围岩。另据地表调研及坑道揭露，本区为惠兰断层与尖山岩体南东附生单斜交会处，断层可能南西向穿过深部接触带。

根据前述遥感解译分析,该区域为 R1 环形构造与 L9 线性构造交会处,L9 多为负地形,通过调研及室内分析,认为其为蕙兰断层的遥感显现,由前述分析,L9 等北东向线性构造多为成岩期后期或同期构造。因此该区域可视为侵入接触带同断裂构造联合控矿区域,由于围岩中存在着断层及其衍生裂隙系统,含矿热液易于沿接触带进入此类部位成矿。

加之前述剩磁异常分析,本区为剩磁异常指示成矿前景良好区域,综上所述,将本区域列为成矿预测靶区。

5.3　符山铁矿成矿预测

5.3.1　找矿标志

根据本区以往地质资料结合野外地质调查,在宏观地质表征及微观地球化学特征等方面总结出符山铁矿的找矿标志,主要有以下几点:

(1)矿体产出的部位全部位于中奥陶统灰岩与闪长岩体的接触带及其附近,符山矿区大多数接触带部位都有矽卡岩化现象,这点在野外得到了证实。地表接触带变化突然,未见蚀变及矽卡岩化现象,比如老周背南民采点、符山窑附近矿点,都有民采矿石产出,可见应对所有的接触带都足够重视,才能在此基础上进一步开展工作。

(2)接触带部位的矽卡岩化有时伴随着少量矿化或者没有矿化,而有的部位则成矿体富集带,矿体产于矽卡岩或者围岩中,产生这种现象的原因必然与接触部位的构造型式有关。经过野外地质调查发现,所有矿体周边的灰岩都不同程度发生应力作用下的揉皱及褶曲等现象,局部构成大范围的背斜、向斜,这些构造为成矿热液提供通道及富集场所,极其利于矿体富集。所以,构造复杂的中奥陶统灰岩与岩体的接触带是找矿的重点。

(3)符山矿区的灰岩基本呈岩盖状与符山岩体接触,也就是捕虏体成矿模式。燕山期岩体的侵入使原有的中奥陶统灰岩发生不同形态的变化,通过钻孔资料及野外调查发现,灰岩体并不仅仅是岩体侵入吞噬后的残留体,而大多延伸到其倾向的岩体下面,岩体很多时候实际是超覆于灰岩之上,矿体产于地表根本看不到的地下岩体与灰岩接触的有利位置,而这类矿床一般较富。因此摸清区内岩体及围岩产状,从而整体把握区内控矿构造是极其重要的。

(4)通过符山矿区磁力异常图及区域矿产图发现，矿体磁异常及矿点分布主要呈北东向，这与区域主要构造形迹北东向基底断层一致，如符山岩体附近涉县断裂带为北东向，矿体的产出与北东向的深大断裂必然有密切的关系，所以在已知矿点附近沿着北东向找矿应当是符山矿区边部开展工作的基本路线。同时次级断裂控矿在本区也不容忽视。

(5)围岩岩性是决定矽卡岩及矽卡岩矿床形成的重要条件，它不仅影响成矿物质的沉淀，同时也影响成矿作用方式、矿体规模及矽卡岩和矿石的物质成分。其中有利围岩主要是各种碳酸盐岩石，如石灰岩、大理岩、白云质灰岩、白云岩、泥灰岩、钙质页岩等。这些碳酸盐岩石化学性质活泼，容易分解，物理性质较脆，特别是硅化后更容易破裂，渗透性更强，有利于含矿溶液流通并被交代形成矽卡岩矿床。而一般情况下厚层的、成分单一的灰岩不利于成矿；薄层或成分不纯的碳酸盐岩石，如泥质灰岩、含燧石条带灰岩、白云质灰岩等对成矿较为有利。特别是物理性质差异较大的围岩地段，常常是富矿赋存的主要场所，因为这些物理性质不同的岩石之间有较为薄弱的界面，受构造作用时易沿层间破碎，便于含矿溶液的流通，因其化学成分的不同，更有利于发生交代作用，从而形成富矿。符山地区控矿围岩主要为中奥陶统马家沟组灰岩，利于成矿。

(6)符山岩体中岩石类型多样，通过野外辨识和前人研究发现，主要是分布范围广泛的闪长-二长岩类及分布局限的基性岩类，与成矿关系最为密切的为闪长-二长中性岩类，矿体产出部位闪长岩多呈似层状，比如符山二号矿体位置似层状岩体极为明显。

岩浆在上升接近地表时，由于温度急剧下降，导致上部围岩的温度变化较大，发生大面积破碎，最后形成上阔大口，接触带产状在上下几乎翻转，而 Fe_3O_4 熔点高，相对密度大，所以磁铁矿在地表上部一般紧贴接触带，在下部一般远离接触带。

根据现有成矿理论，在符山现已闭坑或者即将闭坑矿体基础上，提出以下几点找矿的意见：

(1)在接触带由陡变缓的部位找矿：赋存在接触带上的矿体，其厚度随接触带产状不同而不同。当接触带由陡变缓时，由于含矿溶液的自重，往往在接触带拐弯处富集成矿，其厚度比倾角陡的接触带部位要大。另外，在接触带向岩体凸入部位，矿液在此处容易滞流使矿体加厚。

(2)在接触带与断裂构造交会的部位找矿：接触带与成矿前期断裂构造交会的部位，既是有利的导矿构造，又是有利的容矿场所，故容易形成较厚大的矿体。

（3）在地质应力较集中部位找矿：岩体在地质应力较集中部位，易出现许多次级的褶皱和断裂，岩浆沿层间裂隙侵入到围岩之中，将围岩切割得支离破碎，有许多围岩以捕房体的形式存在于岩体中。在适当的温度和压力下，含矿溶液与围岩发生接触交代作用，可能致使围岩捕房体部分或全部矿化成为矿体。而这些矿体往往大小不一，形态复杂，分布零散。在勘探中如发现一个，在其附近往往有第二个、第三个，有的还呈雁行排列或尖灭再现。

（4）在矿床的端部和深部找矿：根据矽卡岩矿床有沿走向或倾向方向尖灭再现的特征，在矿床的端部和深部施工一定量的钻孔，进行"探边摸底"，往往可以扩大远景储量，为矿山的持续生产创造条件。

5.3.2　找矿远景靶区

邱晓峰（2003）应用优势面找矿理论对符山矿区展开研究，通过地层、构造、岩浆岩、接触带特征及磁异常特征五个优势指标进行符山矿区的权重赋值，统计分析，建立找矿优势度模型，并对符山矿区进行了靶区预测，圈定了找矿靶区。得出符山一带成矿优势度成果图（图 5-13），共分三个Ⅰ级靶区、两个Ⅱ级靶区、一个Ⅲ级靶区。

Ⅰ级靶区：位于符山岩体的近外围，均有中奥陶统地层和闪长岩体出露，其中Ⅰ-1、Ⅰ-2 靶区推测位于 NNE 向构造带上，而Ⅰ-3 则位于 NNE 向构造带上，并且三个靶区都有相当规模的接触带，且具有复杂磁异常特征。

Ⅱ级靶区：位于符山岩体北部，均有中奥陶统地层和闪长岩体出露，其中Ⅱ-1、Ⅱ-2 均存在 NNE 向构造，且都有一定规模的接触带，当时未做物探磁法测量，磁异常不明朗。

Ⅲ级靶区：位于符山岩体西北部，局部有中奥陶统地层和岩浆岩出露，区内存在 NNE 向构造和较小规模的接触带，同样未做磁法测量，前景不明。

邱晓峰的预测虽然仅仅是区域上的整体预测，但其理论依据合理，依旧为我们寻找靶区提供了一定依据。经过本次野外地质考察，并结合符山矿区磁异常特征，除去已经得到验证的高值异常区和剩磁异常，根据前面章节对控矿规律、矿体赋存规律、矿床成因及成矿模式的分析成果，结合找矿标志，认为符山地区成矿条件良好的主要地段如下。

1. 小神山—长岭—圣寺陀—南岭一带

该区位于研究区西北角，属于符山岩体外围接触带附近，闪长岩体小规模出露，呈岩株状，与上覆灰岩不规则接触。小神山—圣寺陀沿路附近有明显的接触

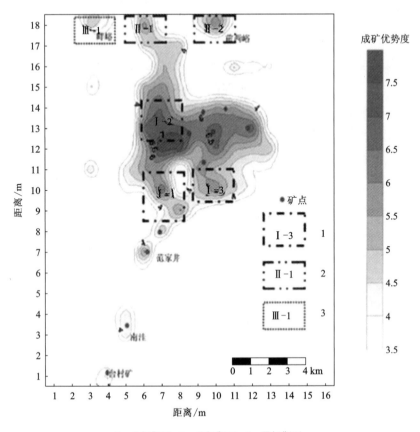

1—Ⅰ级靶区；2—Ⅱ级靶区；3—Ⅲ级靶区。

图5-13 符山一带成矿优势度成果图

带(图5-14)，沟壑发育，闪长岩体沿沟壑(断层)两侧侵入，灰岩均呈顶盖状与闪长岩体接触；长岭附近为灰岩，中-厚层状，产状平缓(图5-15)，溶蚀现象显著，表面呈黑色，孔洞发育；南岭以闪长岩为主，见矿化蚀变现象，据说当地有人开采过铁矿，由于交通不方便，未做进一步研究。

由于本区没有磁力异常图可供参考，加之本区历史上也基本没有开采过矿石，据当地群众反映，有地质人员曾在附近做过勘查。从地表接触带现象来看，矿化蚀变不显著，但是岩体破碎及褪色现象比较明显，根据成矿理论及找矿经验，本区可以开展相关的高精度磁测工作。

图 5-14　小神山附近路边接触带　　　图 5-15　长岭一带中厚层状灰岩

2. 花木校—横岭一带

该区位于符山岩体西偏北方向，靠近外接触带。整体上东部为闪长岩体，西部为灰岩，主要出露为中奥陶统马家沟组中-薄层灰岩，产状平缓，表面多呈灰黑色，孔洞发育。岩体与灰岩接触不规则，有突变。地表接触带附近围岩蚀变在花木校一带表现不强，而在横岭一带由于修路揭露，有大面积的褐铁矿化现象，并有褐铁矿石产出（图 5-16），据当地人称有民采史。接触带附近灰岩表现强烈的挤压形变，提示岩体侵位制约该区灰岩的形变，从而形成极好的矿液运移和赋存的有利构造。

横岭地区矿石主要为地表氧化矿（图 5-17），未见磁铁矿产出，我们认为，这种在符山地区比较特殊的矿石不应该是区别于本区其他矿体的新成矿类型，而是同一成矿模式局限于产出环境不同而表征不同，氧化矿石的形成只是由于原矿体剥蚀暴露充分而被氧化的结果。据现场勘查，氧化矿石出露深度浅，规模不大，地表基本处于浅揭露状态，深部工作尚未开展，因此认为本区有很好的成矿条件，但由于本区远离主成矿中心，是否能发现深大矿体还需要进行更多的地质勘探工作验证。

3. 郭庄—老周背一带

该区位于符山岩体西偏北部，主要出露地层为闪长岩体及中奥陶统灰岩，其接触仍以盖层接触为主，灰岩作为残留顶盖，基本形成所有正地形的山头。岩体侵入位置到半山腰，呈层状、似层状产出，多见高岭土化，风化褪色现象强烈。灰岩呈灰黑色中-厚层，整体倾向西，产状为 284°∠29°。

该区在河北省涉县符山铁矿区地质物探磁力异常平面图上存在几个规模较

小，但圈闭良好的低缓异常区。

图 5-16 横岭村褐铁矿化蚀变带

图 5-17 横岭村灰岩构造破碎带指示
强烈挤压运动

经现场勘查，在老周背附近遗留有民采平硐，分别开采氧化矿石（图 5-18）和磁铁矿矿石（图 5-19），但目前已废弃。

图 5-18 老周背附近接触带及氧化矿点

图 5-19 老周背南民采矿点（见矽卡岩）

本区东距符山铁矿一号矿体约 1 km，在构造特征上与其具有相似性，民采矿点分布也遵循北东成带的特点，但二者的区别也很明显。首先灰岩形变不如一号矿体强烈，地表揭露程度低，另外地表接触带附近围岩蚀变现象不显著。

综合认为本区存在良好的成矿地质条件，应当结合磁力低缓异常及构造研究等诸多因素对本区展开进一步的工作。

4. 符山窑一带

符山窑位于符山岩体中偏西部,鹿头乡附近。该区有多年的磁铁矿开采史,基本上可以认为本区矿体是符山二号矿体向南西方向的延伸。该区现在有很多小矿点,还在开采的有鹿头乡铁矿,大多铁矿因为采矿影响当地水源而关闭,可见本区矿体已经从二号主矿体位于地下水位以上向南西变为地下水位以下,也从侧面反映了本区地表低缓磁异常具有重要的价值。

本区主要出露符山杂岩体及中奥陶统灰岩,二者以盖层状不整合接触为主(图 5-20),界线清晰,地面已经被揭露的接触带部位矿化蚀变显著,多见高岭土化、褐铁矿化、绿泥石化等(图 5-21)。本区灰岩呈灰黑色,中-厚层状,孔洞发育,硅化强,接触带灰岩产状 255°∠50°,整体倾向西。

图 5-20 符山窑地区地层接触关系

图 5-21 民采硐接触带蚀变现象

综合本区地质条件认为,符山窑地区有很好的成矿潜力,找矿方向应当继续在接触带部位和灰岩侧伏方向,尤其是岩体超覆灰岩之上的深部下接触部位。

5. 马佈一带

马佈位于符山岩体东部,出露基本为下奥陶统灰岩,地表可见均为中-厚层状灰岩,产状较平缓。

据当地群众介绍,马佈地区自 20 世纪 50 年代以来一直有矿石采出,且有很多人在此做过工作,但限于民采。

马佈村南某民采矿点,矿井为斜井与竖井。废石堆中见闪长岩,可见本区闪长岩体侵入深度未及地表,有矽卡岩化现象,见块状磁铁矿矿石,黄铁矿呈浸染状(图5-22),揭示本区矽卡岩化经历了完整的演化过程。

虽然本区未做进一步采样及详细勘查工作,但综合认为本区具备中小型铁矿找矿潜力,大型铁矿可能性不大。

6. 赵峪一带

赵峪位于符山岩体南部地区,虽然位于岩体外部,但该处出露闪长岩体及中奥陶统灰岩,二者

图5-22 马佈磁铁矿矿石中的浸染状硫化物

接触关系明显,灰岩呈岩盖状覆于岩体之上。该区闪长岩体呈小型岩株状出露,表性特征与符山岩体一致,应当是同期岩浆侵入产物。

赵峪北有多个磁铁矿点(图5-23),目前均已停产。从地面散落矿石来看,有良好的矽卡岩化现象,接触带规模较大,且地表民采硐揭露,接触部位蚀变现象显著,且围岩具很好的构造形变特征(图5-24)。

图5-23 赵峪北若干小矿点

图5-24 赵峪北某民采硐蚀变现象

赵峪西坡也有多个矿点,正在开采的桃园铁矿产出矿石情况良好,磁铁矿矿石多呈块状,与围岩具良好的分带性(图5-25),矿化蚀变(图5-26)显著。

从整个区域上看,赵峪北部和西部应当属于同一成矿系统,具体控矿规律及赋存规律需要做进一步研究,单从找矿潜力来看,本区具备良好的找矿潜力,但成大矿可能性较小。

图 5-25　赵峪桃园铁矿磁铁矿与灰岩分带

图 5-26　赵峪西坡接触带蚀变现象

7. 井店台村一带

台村位于符山岩体南部, 井店镇之西。该区是涉县地区除符山外主要的铁矿富集区, 有多年开采史。因它远离符山岩体, 其成矿规律及模式值得重视。

本区仍以接触交代型磁铁矿为主, 严格按照接触带产出(图 5-27), 地表接触带明显, 有明显的矽卡岩化现象(图 5-28), 采矿以竖井为主, 采矿部位在地表以下 200 m 左右, 因条件限制, 未能做进一步研究。

图 5-27　台村矿点接触带

图 5-28　台村鑫兴铁矿附近暴露于地表的矽卡岩带

5.3.3 矿区内部重点找矿靶区及选取依据

在综合分析矿区已有资料的基础上，经野外详细地质勘查，在符山矿权区内进行重点找矿靶区的圈定，力求在原认识水平的基础上有所突破，一方面通过选取适当的物探方法对原矿体下 1500 m 内是否存在隐伏矿体进行摸底，另一方面在矿区及边部选取最有找矿可能的地段，进行下一步探矿工作。

5.3.3.1 靶区确定的基本原则

(1)已知的一、四、六矿体地区以分析原勘探线及钻孔资料为主，野外调查为辅，综合矿体赋存规律选取最合适的物探工程靶区，运用相关电法等适当物探手段，对矿体下 1500 m 内深部成矿可能性作出评价。

以往未做工作的地区以磁异常特征资料研究为主，辅以实地地质勘查，选取成矿最为有利的靶区开展高精度地表磁测，配合电磁法，力求找矿有所突破，同时对地表以下 1500 m 内地质情况提供最准确的信息。

(2)选取靶区应具有代表性，以最小代价的小范围物探成果说明整个矿区范围深部情况，也就是以最小的代价换取最大的成效。

5.3.3.2 靶区及其选取依据

符山矿区是一个开采多年的老矿山，开发程度高，资料详尽。其主体一、四、六矿体于 20 世纪 90 年代初开始陆续提交闭坑报告，目前已经全部闭坑。当前开采矿石主要为原矿体边角残矿。从资料看，一矿体开采深度集中于 850~1100 m；四矿体开采深度在 670~755 m；六矿体开采深度在 800~860 m。采矿严格按照原工程控制矿体开采，深部未做进一步工作。自闭坑以来，邯邢冶金矿山管理局一直致力于矿区深边部找矿工作，但成效甚微。从几个矿体闭坑报告来看，均认为深部及外围已经无盲矿体存在。

2006 年，邯邢局地勘院所做的四、六矿体坑道内三分量高精度磁测结果显示，原高值磁异常在矿体开采完毕后表现不再显著，多在背景值附近跳跃，已经不具备矿致异常特征，故认为深部可能无大的盲矿体存在。但从目前符山矿区研究程度及采取的手段方法来看，远远未达到对本区成矿情况深入全面了解的程度，之前的开采手段无法探明本区深部成矿地质信息，虽然地表磁测显示矿体开采完毕后原异常值消失，但该手段探测深度局限于浅部，我们仍不能对本区深部妄下结论。

因此，我们认为：有必要运用最新的物探手段帮助我们认识地表以下 1500 m 内的地质情况及是否有埋藏较深的盲矿体存在。

在综合分析本区资料及野外地质调查的基础上,重点选取以下区域作为物探工作靶区。

1. 一矿体

选取依据:

(1)一矿体作为符山铁矿原采矿主体之一,原矿体本身已经被认识得非常清楚,从矿体规模、走向、倾向及赋存规律都已基本了解。目前最主要的是对单层矿体被开采完毕后深部是否有矿的认识不够,故重点选取一矿体作为本次深部探矿的重点。

(2)一矿体赋存标高 960~1100 m,对比附近的四矿体 670~760 m,六矿体 800~860 m 赋存标高而言,其深部应当具备一定的成矿可能。

(3)分析一矿体原勘探线剖面及钻孔资料可知,灰岩整体倾向北东,且大部分插入到闪长岩体下方,矿体严格按照接触带分布,钻孔控制了原单层矿体,但大部分勘探线并未控制灰岩下部接触带,剖面图上接触带形态多为推测,认为深部有进一步工作的必要。

综合以上因素,认为一矿体具备一定的找矿可能,值得利用物探手段进一步进行工作。

2. 炸药库异常

选取依据:

(1)物探异常显著,范围大,多个异常中心,局部可达 3000γ,且正负异常伴生,结合本区磁力异常特征,分析认为异常不可能由闪长岩体本身引起,应当是矿致异常。

(2)炸药库基本为闪长岩体,其南面不远可见大理岩,但范围很小。岩体与其接触部位矽卡岩化明显,见绿帘石化、高岭土化等蚀变现象,风化严重,具备基本的成矿地层条件。据钻孔资料显示,其深部仍有大理岩出露,认为地表大理岩至少在垂向上具有向下延伸的可能。另外在接触带部位发现一条宽 2 m 左右的构造破碎带,破碎带通常作为良好的导矿构造,是极好的运矿通道。由此认为本区成矿条件良好。

(3)炸药库异常西侧山沟内分布有多个民采矿点,已经揭示有矿体赋存,但其工作程度偏低,对深部并不了解。

综合上述磁力异常特征及成矿条件,我们认为炸药库异常值得进一步开展物探工作,进而了解其深部是否成矿。

3. 四矿体

选取依据:

(1)四矿体是符山矿区规模最大的矿体,开采深度也是整体最低的一个,目前只开采到+670 m水平,其深部有值得进一步工作的必要。四矿体灰岩规模较大,在已经进行的勘探工作中,对其下接触带的控制并不清晰,从地表矽卡岩化现象分析,接触带部位矿化蚀变分带极其明显,钻孔资料同时揭示四矿体在深部构造复杂,存在局部断层及褶皱,即存在成矿流体运移通道及赋存空间,综合认为四矿体有必要进行深入解剖。

(2)四矿体捕房体模式极为显著,矿体不规则,产于岩体与灰岩的接触部位,深部多形成岩体内部小规模矿体,可以推测岩体在深部吞噬强烈,对灰岩体交代更为充分,而该类岩体吞噬灰岩的成矿空间虽然形态无规律可循,但必然在整体上存在连续性,本区灰岩规模较大,深部与岩体的接触带具备很好的成矿条件,在岩体侵位中深部成矿值得探求。

(3)原磁力异常显著,在上层矿体被开采完毕后,四矿体仍发现磁力有局部异常,其值可达900γ,且有正负异常伴生,存在多个小的异常中心,其深部找矿值得重视。

综上认为,四矿体有进一步解剖的必要,需要进一步利用物探手段进行深部勘查,以探明符山地区深部岩体侵入情况及下接触带是否成矿。

4. 玉皇殿异常

由于坐标问题,原认为该异常区位于符山生活区内,后经地勘院准确定位,异常位置有较大变动。

该异常具备一定的磁力异常,呈封闭圈,形态规整,异常值最高有1000γ,但区域内均为闪长岩体,且异常形态与山形相似,可能为闪长岩体本身引起,正负异常伴随不明显,故建议视情况开展高精度磁测工作。

5.3.4 物探工程靶位理想测线布置

经野外勘查及室内作业,以选取最优测线为原则,力求以最具代表性的测试结果解释深部情况,以最小的投入获得符山地区的找矿突破,具体测线布置见图5-29符山铁矿深部找矿物探靶区理想测线布置图。

一号矿体,共布置4条测线,测线长500 m,网度100 m×20 m;方向北偏西,斜交灰岩与闪长岩体接触带。测线范围覆盖原矿体赋存部位,并在灰岩侧伏方向上,重点布设2条测线,物探结果可全面弥补原勘探线对深部接触带情况了解的

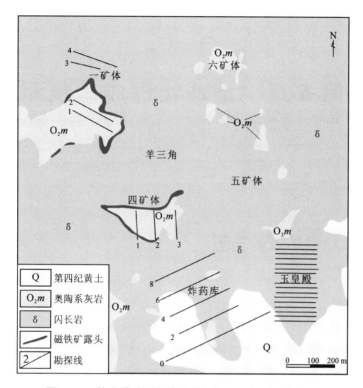

图 5-29　符山铁矿深部找矿物探靶区理想测线布置图

不足，物探结果可真实反映一矿体深部情况。

四号矿体，共布置 3 条测线，测线长 300 m，网度 100 m×20 m；南北向，范围覆盖灰岩区及其南部接触带，物探结果可以真实反映已知矿体深部接触带情况。

炸药库，共布置 5 条测线，测线长 500 m，网度 100 m×20 m；北偏东 25°，范围覆盖整个火药库异常，物探结果可真实反映深部情况，根据物探结果进行局部测线加密。

玉皇殿异常，进行高精度磁测扫面作业，网度 100 m×5 m；覆盖整个异常区。

第6章 地球物理成矿预测

6.1 玉泉岭铁矿成矿预测

6.1.1 EH4电导率成像系统简介

EH4属于部分可控源与天然源相结合的一种大地电磁测深系统。深部构造通过天然背景场源成像(MT),其信息源为10~100 kHz。浅部构造则通过一种新型的便携式低功率发射器发射1~100 kHz人工电磁信号,补偿天然讯号的不足,从而获得高分辨率的成像。

EH4电导率成像系统已成功运用于国内地质、煤炭、水利水电行业的找矿、找水等工作中。这种新型物探方法,实现了天然信号源与人工信号源的采集和处理,具有探测深度大(可达1500 m)、设备轻、速度快、费用低、精度较高等特点,在地质勘探工程中能起到很好的效果。

EH4方法原理与传统的MT法一样,是利用宇宙中的太阳风、雷电等入射到地球上的天然电磁场信号作为激发场源(又称一次场),该一次场是平面电磁波,垂直入射到大地介质中,由电磁场理论可知,大地介质中将会产生感应电磁场,此感应电磁场与一次场是同频率的,测量包含地下地质构造信息的感应电磁场,通过专用软件可以提取这些大地构造信息,从而达到地质勘探的目的。

6.1.2 矿区测线布置

玉泉岭矿区物探靶区经实地考察,共布置测线3条。测线走向近东西,每条测线长800 m,点距20 m,测点位置见玉泉岭矿区物探工作布置及推断解释平面图(图 6-1)。

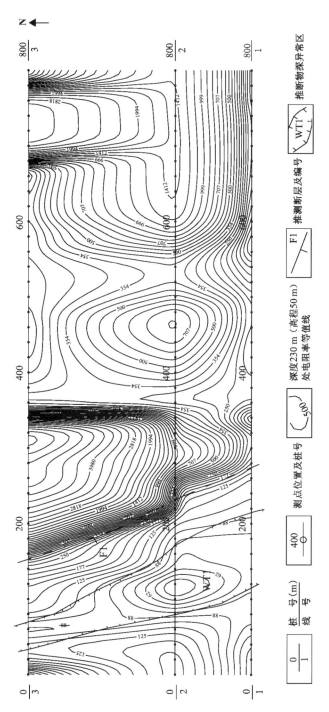

图 6-1　玉泉岭矿区物探工作布置及推断解释平面图

6.1.3　EH4 反演成果及地质解译

对 1 线、2 线和 3 线的高频大地电磁测深数据进行反演和解释，其综合解释成果(反演和地质推断解释结果)分别如图 6-2、图 6-3 和图 6-4 所示。

从 1 线的 EH4 反演结果[图 6-2(a)]中可以看出，上覆地层电阻率为 5~80 Ω·m，推断为第四系黄土层，厚度为 2~8 m；中间地层电阻率主要呈低阻特征，电阻率变化范围为 10~150 Ω·m，推断为风化闪长岩的反映，厚度为 180~310 m，在闪长岩地层中局部夹杂高阻不均匀体，推断为灰岩；下覆地层电阻率相对较高，在 300~1500 Ω·m 范围内变化，推断为奥陶系灰岩的反映。具体地质推断解释结果如图 6-2(b)所示。

从 2 线的 EH4 反演结果[图 6-3(a)]中可以看出，上覆地层电阻率为 5~80 Ω·m，推断为第四系黄土层，厚度为 2~12 m；中间地层电阻率主要呈低阻特征，电阻率变化范围为 10~150 Ω·m，推断为风化闪长岩的反映，厚度从东到西逐渐变厚，并且在 50~400 m 范围内变化，在闪长岩地层中局部夹杂高阻不均匀体，推断为灰岩；下覆地层电阻率相对较高，在 300~10000 Ω·m 范围内变化，推断为奥陶系灰岩的反映。具体地质推断解释结果如图 6-3(b)所示。

从 3 线的 EH4 反演结果[图 6-4(a)]中可以看出，上覆地层电阻率为 5~50 Ω·m，推断为第四系黄土层，厚度为 2~5 m；中间地层电阻率主要呈低阻特征，电阻率变化范围为 10~230 Ω·m，推断为风化闪长岩的反映，厚度从东到西逐渐变厚，并且在 230~550 m 范围内变化，在闪长岩地层中局部夹杂高阻不均匀体，推断为灰岩；下覆地层电阻率相对较高，在 300~8000 Ω·m 范围内变化，推断为奥陶系灰岩的反映。具体地质推断解释结果如图 6-4(b)所示。

综合分析 1 线、2 线和 3 线的 EH4 反演结果，发现在桩号 0~300 m 都存在一连续的低阻异常，埋深 120~350 m。将深度为 230 m 的反演数据进行水平切片，并绘制电阻率等值线，如图 6-1 所示，从平面上可以看出，该低阻异常带近于北西走向，异常较为连续，宽 40~100 m，推断为成矿的有利地段。在该异常带右侧电阻率等值线在横向上梯度变化较大，呈现出密集带，推断有一断层通过，记为 F1。其走向与低阻异常带走向一致，倾向近于南西向，推断其为一控矿构造。

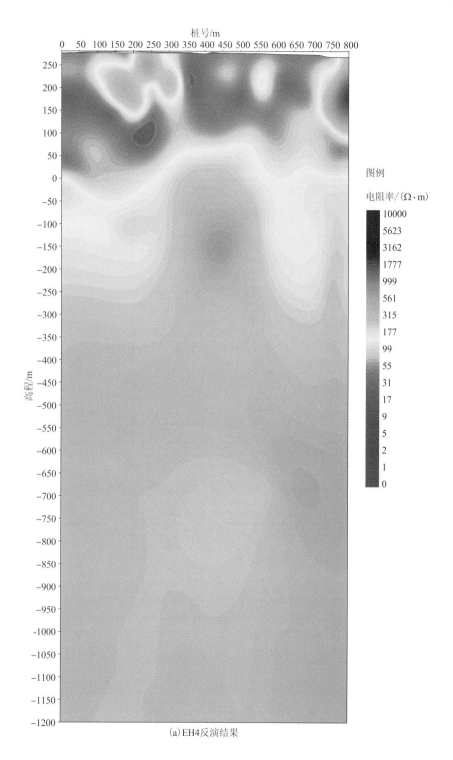

(a)EH4反演结果

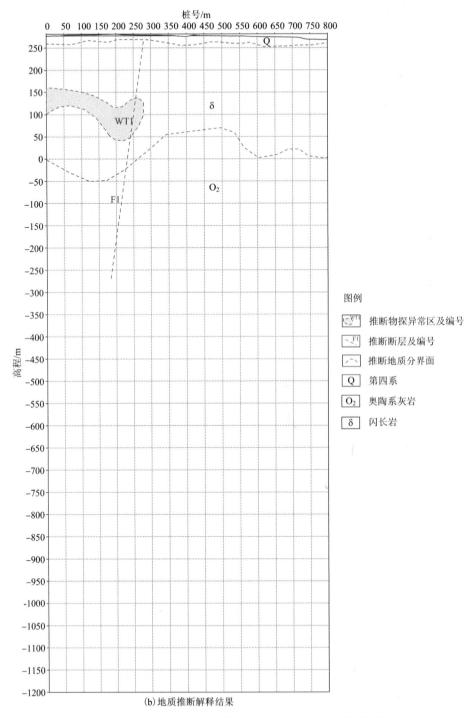

(b) 地质推断解释结果

图6-2 玉泉岭矿区1线高频大地电磁测深综合解释成果图

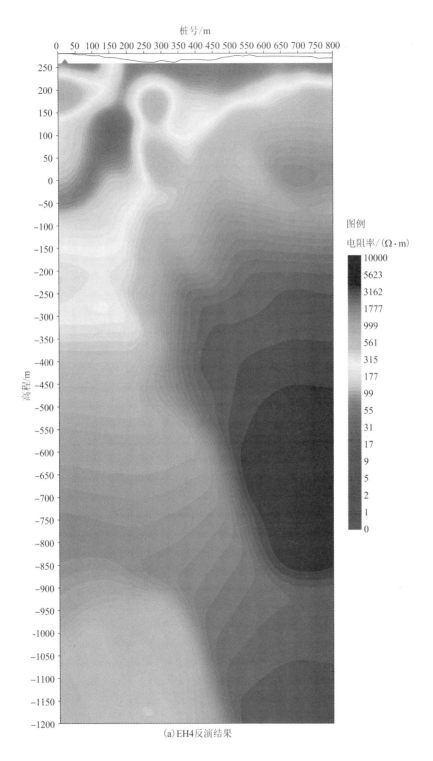

(a)EH4反演结果

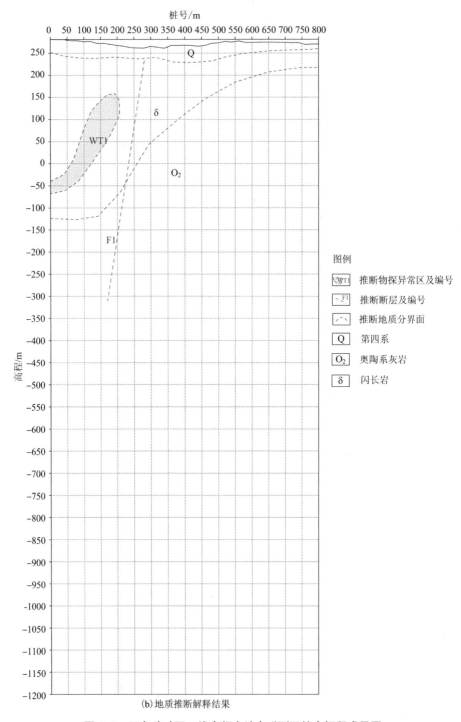

图 6-3 玉泉岭矿区 2 线高频大地电磁测深综合解释成果图

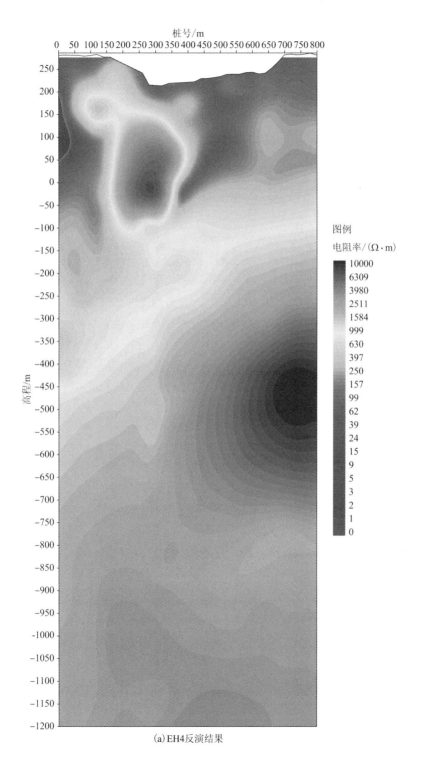

(a) EH4反演结果

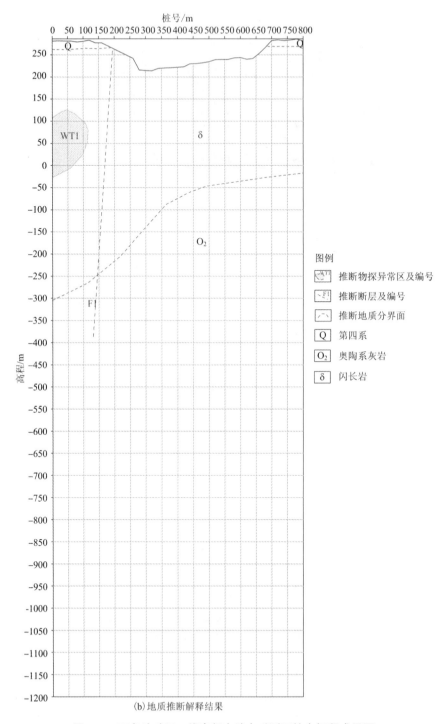

(b)地质推断解释结果

图6-4 玉泉岭矿区3线高频大地电磁测深综合解释成果图

6.2 玉石洼铁矿成矿预测

6.2.1 I 号测区物探成果

在玉石洼 I 号测区共布设 21 条测线，除 12 号线长 500 m 外，其余测线长 400 m，线距 50 m，具体位置如图 6-5 所示，与原勘探线对应关系如图 6-6 所示。0~20 线进行高精度磁法测量，于 0、4、8、12、16、20 线开展高频大地电磁测深。物探结果显示在本测区 12~20 线存在较明显的低阻高磁性异常带，该带宽 120~200 m，埋深 180~400 m，走向为北西向，命名为 WT1，此外本测区其余深部（400~1500 m）未见有意义的低阻异常，推断接触带以下深部均为闪长岩。

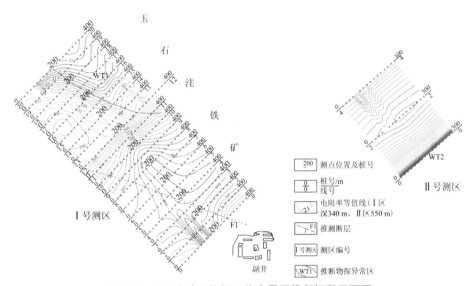

图 6-5 玉石洼矿区物探工作布置及推断解释平面图

磁测数据处理结果如图 6-7 所示，图中黑色线圈定的区域为磁异常值相对较高的区域（大于 350 nt），宽度约 120 m，异常走向与已采矿体走向一致，推断在已采主矿脉西侧灰岩与闪长岩接触带的围岩中，可能有磁铁矿层状小型矿体发育，但不排除其为接触带的围岩本身具有的磁性引起的非成矿磁异常。在图 6-7 的中间有一局部相对较高磁异常，物探工作将其推断为工业电引起的干扰异常，提议可不予考虑。

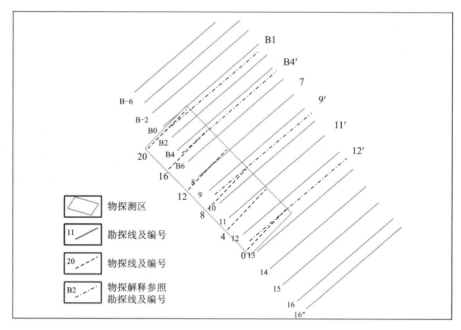

图 6-6　玉石洼矿区物探工作测线与原勘查线对应关系图

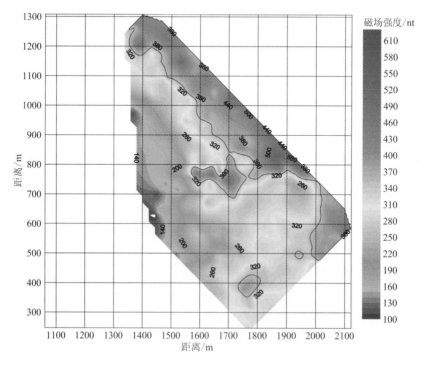

图 6-7　玉石洼矿区 I 号测区磁测数据等值线图

玉石洼Ⅰ号测区0线、4线、8线、12线、16线和20线EH4综合反演推断解释成果分别如图6-8、图6-9、图6-10、图6-11、图6-12和图6-13所示。

从0线的EH4反演结果[图6-8(a)]中可以看出，上覆地层电阻率为10~120 Ω·m，推断为第三系砾石层，厚度为80~110 m；中间地层电阻率变化范围为180~400 Ω·m，推断为奥陶系灰岩的反映，厚度50~235 m；下覆地层电阻率相对较高，在500~10000 Ω·m范围内变化，推断为闪长岩的反映。在桩号280点附近，在横向上电阻率等值线梯度变化较大，推断有一断层通过，记为F1。具体地质推断解释结果如图6-8(b)所示。

从4线的EH4反演结果[图6-9(a)]中可以看出，上覆地层电阻率为10~170 Ω·m，推断为第三系砾石层，厚度为105~120 m；中间地层电阻率变化范围为400~1000 Ω·m，推断为奥陶系灰岩的反映，厚度100~210 m；下覆地层电阻率相对较高，在1000~10000 Ω·m范围内变化，推断为闪长岩的反映。在桩号160点附近，在横向上电阻率等值线梯度变化较大，推断有一断层通过，记为F1。具体地质推断解释结果如图6-9(b)所示。

从8线的EH4反演结果[6-10(a)]中可以看出，上覆地层电阻率为10~200 Ω·m，推断为第三系砾石层，厚度为80~100 m；中间地层电阻率变化范围为500~800 Ω·m，推断为奥陶系灰岩的反映，厚度50~330 m；下覆地层电阻率相对较高，在1000~10000 Ω·m范围内变化，推断为闪长岩的反映。在桩号110点附近，在横向上电阻率等值线梯度变化较大，推断有一断层通过，记为F1。具体地质推断解释结果如图6-10(b)所示。

从12线的EH4反演结果[图6-11(a)]中可以看出，上覆地层电阻率为10~200 Ω·m，推断为第三系砾石层，厚度为95~110 m；中间地层电阻率变化范围为350~900 Ω·m，推断为奥陶系灰岩的反映，厚度230~300 m；下覆地层电阻率相对较高，在900~10000 Ω·m范围内变化，推断为闪长岩的反映。在深度为180~380 m范围内有一低阻层，其中桩号0~320 m分为两个低阻薄层，赋存在灰岩中，电阻率变化范围为160~240 Ω·m，厚度为20~30 m；桩号320~500 m为一相对较厚的低阻层，厚约150 m，电阻率在50~120 Ω·m范围内变化，推断该低阻层为成矿相对有利的地段，记为WT1。具体地质推断解释结果如图6-11(b)所示。

从16线的EH4反演结果[图6-12(a)]中可以看出，上覆地层电阻率为10~210 Ω·m，推断为第三系砾石层，厚度为65~80 m；中间地层电阻率变化范围为100~500 Ω·m，推断为奥陶系灰岩的反映，厚度50~215 m；下覆地层电阻率相

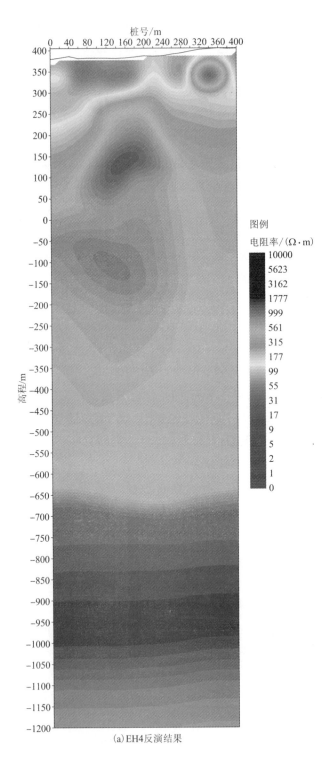

(a)EH4反演结果

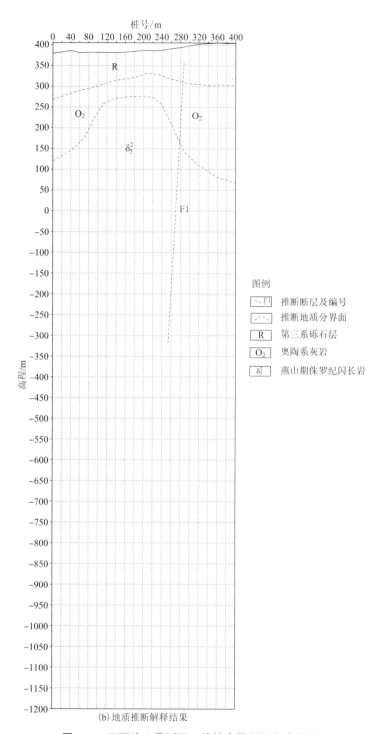

(b)地质推断解释结果

图 6-8　玉石洼 I 号测区 0 线综合推断解释成果图

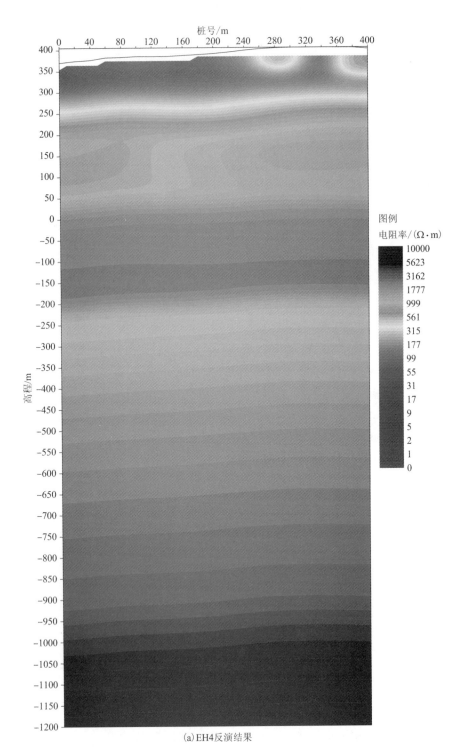

(a)EH4反演结果

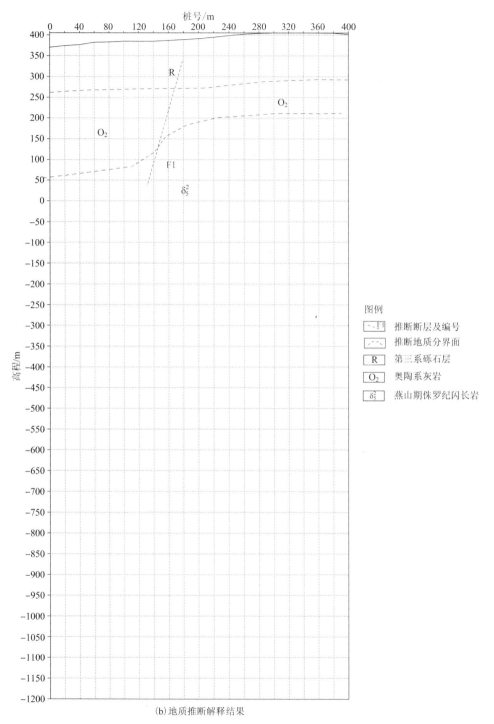

(b)地质推断解释结果

图 6-9　玉石洼 I 号测区 4 线综合推断解释成果图

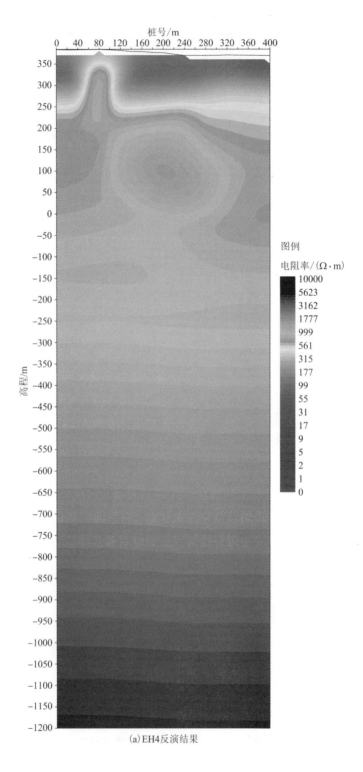

(a)EH4反演结果

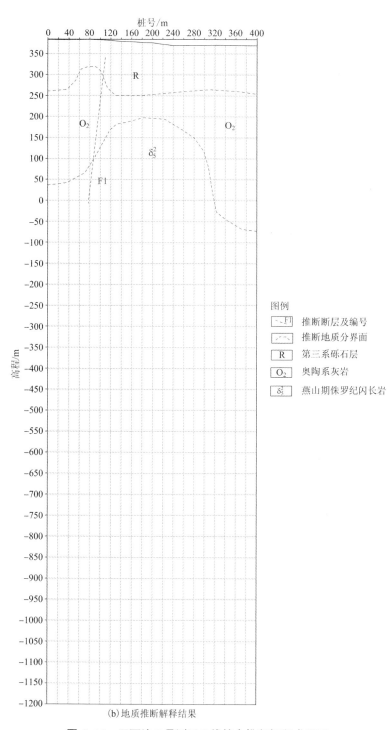

图例

$\;$ F1　推断断层及编号

　　　推断地质分界面

　R　　第三系砾石层

　O_2　奥陶系灰岩

　δ_5^2　燕山期侏罗纪闪长岩

(b)地质推断解释结果

图 6-10　玉石洼 I 号测区 8 线综合推断解释成果图

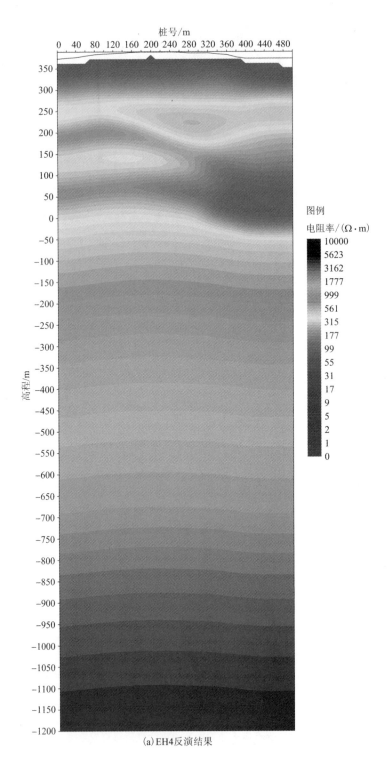

(a)EH4反演结果

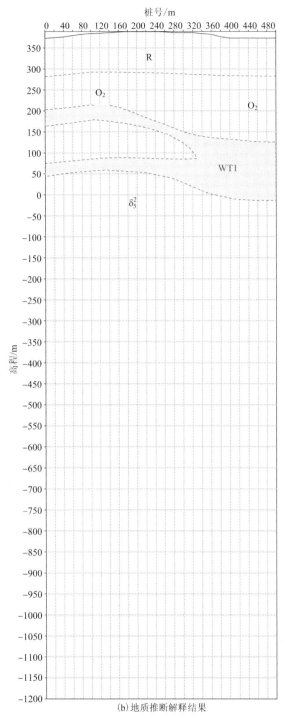

(b)地质推断解释结果

图 6-11　玉石洼 I 号测区 12 线综合推断解释成果图

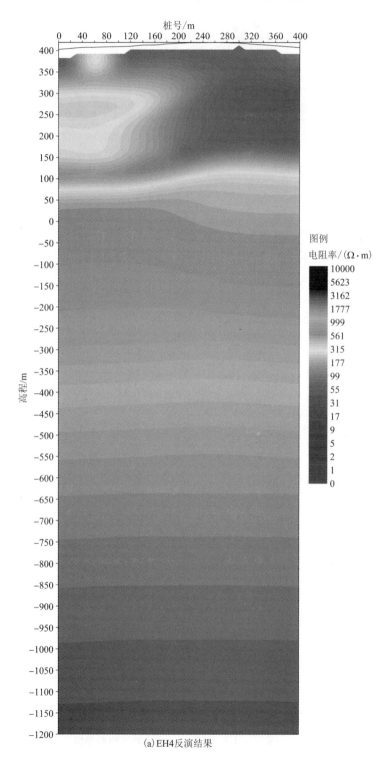

(a)EH4反演结果

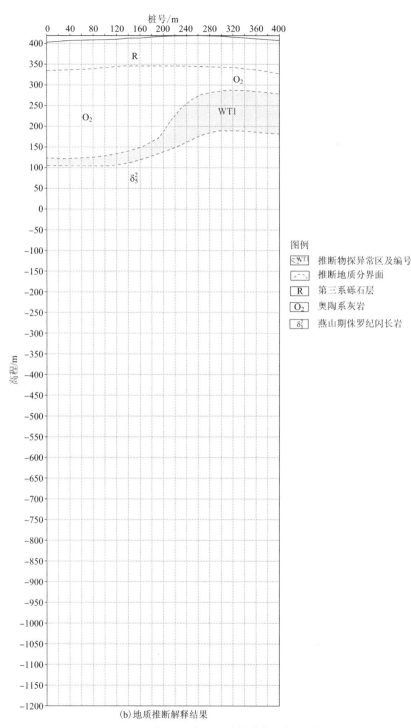

(b) 地质推断解释结果

图6-12 玉石洼Ⅰ号测区16线综合推断解释成果图

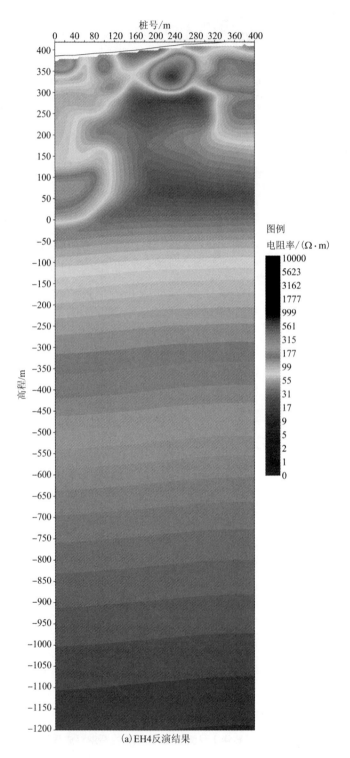

(a)EH4反演结果

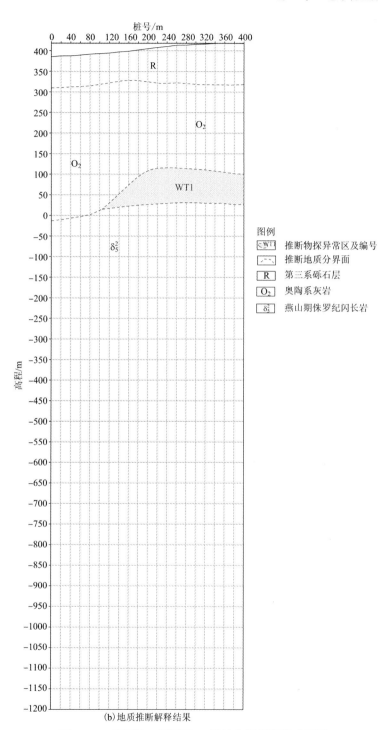

(b)地质推断解释结果

图6-13　玉石洼 I 号测区 20 线综合推断解释成果图

对较高,在 800~10000 Ω·m 范围内变化,推断为闪长岩的反映。在深度 100~300 m 范围内有一低阻层,电阻率在 50~200 Ω·m 范围内变化,厚度 20~100 m,推断该低阻层为成矿相对有利的地段,记为 WT1。具体地质推断解释结果如图 6-12(b)所示。

从 20 线的 EH4 反演结果[图 6-13(a)]中可以看出,上覆地层电阻率 50~200 Ω·m,推断为第三系砾石层,厚度为 80~100 m;中间地层电阻率变化范围 150~300 Ω·m,推断为奥陶系灰岩的反映,厚度 200~320 m;下覆地层电阻率相对较高,电阻率在 150~1000 Ω·m 范围内变化,推断为闪长岩的反映。在深度 300~380 m 范围内有一低阻层,电阻率在 10~50 Ω·m 范围内变化,厚度 60~70 m,推断该低阻层为成矿相对有利的地段,记为 WT1。具体地质推断解释结果如图 6-13(b)所示。

对 0~20 线的 EH4 反演数据沿低阻异常带(WT1)中心深度 200~360 m 范围进行切片,绘制的电阻率等值线,如图 6-5 所示,结合磁测平面等值线图和 EH4 反演断面图进行综合分析,发现在浅部(0~400 m):0 线、4 线和 8 线除浅部砾石层呈低阻特征外,在灰岩与闪长岩的接触面附近未发现明显低阻异常带,无明确成矿迹象。而 12 线、16 线和 20 线除浅部砾石层呈低阻特征外,在灰岩与闪长岩的接触面附近电阻率呈低阻显示,深度范围为 180~400 m,成矿条件相对有利,推断在已采主矿脉西侧围岩中,可能含有磁铁矿细脉,但也不排除接触带的围岩本身具有的低阻高磁性特征。在深部(400~1500 m):六条线均未发现明显的低阻异常带,推断在该深度范围内没有磁铁矿赋存。

6.2.2 Ⅱ号测区物探成果

在玉石洼Ⅱ号测区共布设 3 条测线,每条测线长 300 m,线距 200 m,具体位置如图 6-5 所示。该三条线仅开展了高频大地电磁测深工作,EH4 综合推断解释成果分别如图 6-14、图 6-15 和图 6-16 所示。

物探结果显示在本测区 0 线存在较明显的低阻高磁性异常带,命名为 WT2,宽约 300 m,埋深 490~580 m,推断成矿较有利。在其他深度段(400~1500 m)未发现有意义的低阻异常。

从 0 线的 EH4 反演结果[图 6-14(a)]中可以看出,上覆地层电阻率 50~150 Ω·m,推断为第三系砾石层,厚度为 100~240 m,砾石层中局部夹杂高阻体,推断可能为奥陶系的灰岩;中间地层电阻率变化范围 180~700 Ω·m,推断为奥陶系灰岩的反映,厚度为 270~370 m,灰岩中的低阻体推断为破碎带,可能含水；下覆地层电阻率相对较高，在 200~1000 Ω·m 范围内变化，推断为闪长岩的反映。在深度 490~580 m 范围内有一低阻层，电阻率在 10~30 Ω·m 范围内变化，厚度 40~80 m，推断该低阻层为成矿相对有利的地段，记为 WT2。具体地质推断解释结果如图 6-14(b)所示。

从 2 线的 EH4 反演结果[图 6-15(a)]中可以看出，上覆地层电阻率 10~150 Ω·m，推断为第三系砾石层，厚度为 110~205 m；中间地层电阻率变化范围 200~700 Ω·m，推断为奥陶系灰岩的反映，厚度 120~180 m；下部地层电阻率相对较高，在 300~2000 Ω·m 范围内变化，推断为闪长岩的反映。具体地质推断解释结果如图 6-15(b)所示。

从 4 线的 EH4 反演结果[图 6-16(a)]中可以看出，上覆地层电阻率 40~300 Ω·m，推断为第三系砾石层，厚度为 110~200 m；中间地层电阻率变化范围 160~650 Ω·m，推断为奥陶系灰岩的反映，厚度 100~180 m；下覆地层电阻率相对较高，在 300~4000 Ω·m 范围内变化，推断为闪长岩的反映。具体地质推断解释结果如图 6-16(b)所示。

对 0~4 线的 EH4 反演数据沿低阻异常带(WT2)中心深度 550 m 进行切片，绘制的电阻率等值线，结合 EH4 反演断面图进行综合分析，该低阻异常 WT2 在垂直测线方向上不连续，仅 0 线断面有显示，推断该异常为成矿条件相对较好的地段，可能与云驾岭矿床相连。其余深度未发现有意义的低阻异常。

6.2.3　物探测量结果分析

本次工作，提供了Ⅰ号和Ⅱ号测区深部地质情况线索及结果解译，其结果大致符合地质推断，分别发现两处有意义的低阻异常带，结合矿区勘查资料及前述观点，分述矿区深边部成矿前景如下：

矿区边部：本次工作把握邯邢式铁矿成矿特点，紧抓主要控矿因素，运用趋势外延成矿预测法，结合成矿模式的认识，在矿区边部分别圈选出预测区两处，两成矿预测区各发现高频大地电磁异常一处。

WT1 低阻异常带位于Ⅰ号测区 12 线~20 线，对应矿区 B1~7 勘探线。据联合剖面图及矿体横向联合剖面图，矿体虽在此部分南西向尖灭，但岩体在深部南向倾伏趋势明显，上覆中奥陶统地层延续稳定，且仍在遥感 R1 环形影像与 L2 线性构造交会处，该区域成矿条件良好。考虑该异常带较明显的低阻高磁性异常，及地表剩磁异常特征，显示 WT1 低阻异常为该区矿致异常的可能性较大，可以围绕 WT1 低阻异常带开展后续勘查工作。考虑到实际生产因素，建议选取 20 线

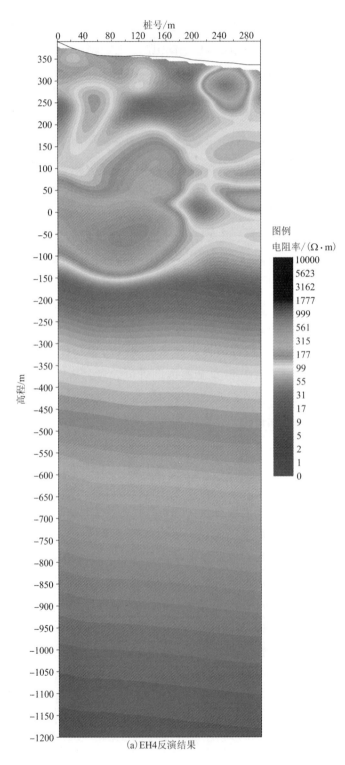

(a)EH4反演结果

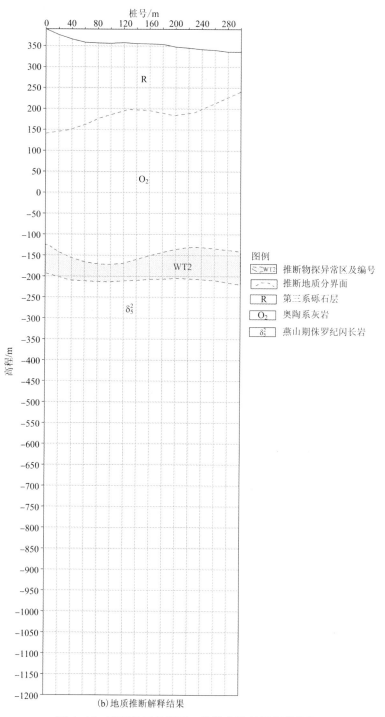

图例

图例	说明
WT2	推断物探异常区及编号
— — —	推断地质分界面
R	第三系砾石层
O_2	奥陶系灰岩
δ_5^2	燕山期侏罗纪闪长岩

(b) 地质推断解释结果

图6-14 玉石洼Ⅱ号测区0线综合推断解释成果图

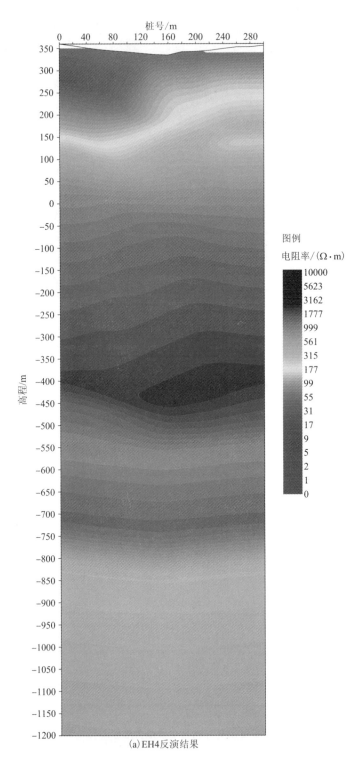

(a)EH4反演结果

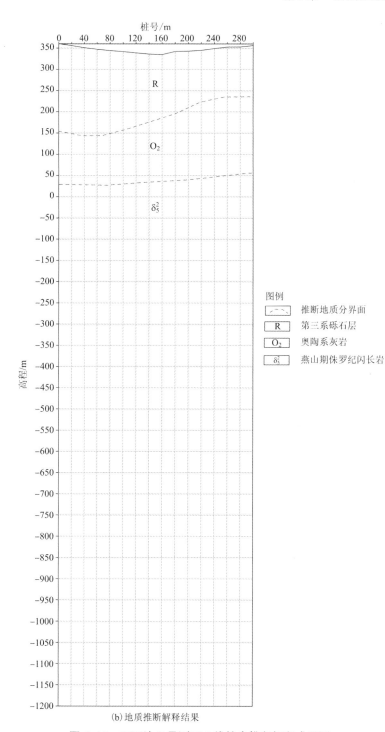

(b) 地质推断解释结果

图 6-15　玉石洼 Ⅱ 号测区 2 线综合推断解释成果图

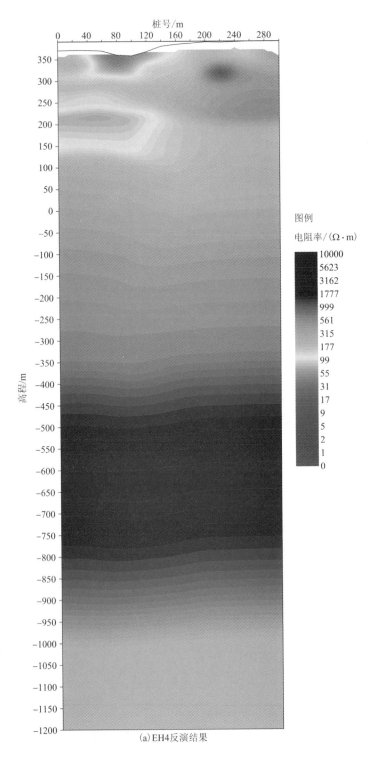

(a)EH4反演结果

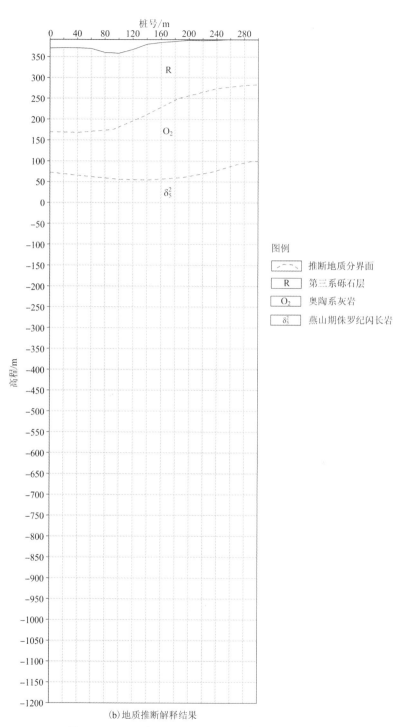

图例

⌐⌐⌐	推断地质分界面
R	第三系砾石层
O₂	奥陶系灰岩
δ₅²	燕山期侏罗纪闪长岩

(b) 地质推断解释结果

图 6-16　玉石洼 II 号测区 4 线综合推断解释成果图

240 号点设计一探矿孔开展钻探勘查。

WT2 低阻异常带位于 II 号成矿测区 0 线，为较明显的低阻高磁性异常带，宽约 300 m，埋深 490~580 m，为遥感 R1 环形影像边缘与 L9 线性构造交会处。据实地调研及前人勘查认识，L9 线性构造在此处可解译为惠兰断层。考虑到 L9 为北东向线性构造组，其形成的最早时间可推至岩体形成时期，断裂与接触面联合控矿为区内重要的控矿形式之一，加之前述剩磁异常分析说明该区具有明显剩磁异常峰值。综合地质及物探结果分析，WT2 低阻异常带为矿致异常可能性极大，可列为下一步勘查工作的重点。

矿区深部：遥感环形影像 R1 据实地调研及室内分析，解译为矿山岩体上侵形成穹窿，因后期地质活动，岩体出露，由于岩体上侵后岩体顶面冷却收缩裂隙发育及岩体本身和上覆围岩灰岩抗风化能力差异，中央岩体部分受风化剥蚀后形成负地形，而上覆灰岩在环形构造近外环部分断续残留，形成环形构造。

据区域地质构造条件，矿山断裂带为区内主要控岩构造，位于本区武安地堑型环状断陷盆地西缘，该断裂带与下伏北西向隐伏构造带，联合控制了武安盆地西缘包括矿山岩体在内的多处岩体产出，北起綦村，经西石门、矿山、北洺河、玉泉岭，南至磁山，累计有大小数十个矿床产出。区域航磁及重力资料图显示，这些岩体出露距离较近者可能在深部为一整体。遥感解译 R1 环形影像北东部，有多个环形影像聚合，据区调资料，R1 环南部尖山单元为矿山岩体主体，常位于矿山下部，R2 西石门单元出露于矿山岩体上部。因此下部尖山单元为岩体底部或有多层侵入现象，深部将会存在磁性差异带。物探 I 测区 0 测线与 II 测区 4 测线联合剖面图(图 6-17)显示，本区高频大地电磁测深法在地表以下 1500 m 以内，没有捕捉到多层阻值差异面存在，故可推断本矿区深部存在大规模的岩体多层侵入的可能性极低，深部不具备接触带控矿类型磁铁矿矿体赋存发育有利成矿地质条件。

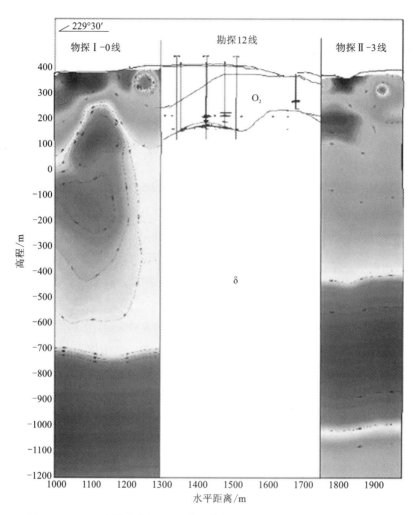

图 6-17　玉石洼铁矿物探 Ⅰ-0 线、勘探 12 线、物探 Ⅱ-3 线联合剖面图

6.3　符山铁矿成矿预测

6.3.1　物性参数测量结果

　　本次物探工作主要对符山矿区的岩矿石标本进行物性参数测量。物探人员在地质人员和矿区技术人员的大力配合下，在符山矿区的一号矿、四号矿、六号矿及炸药库附近采集岩矿石标本 150 余块，其中岩矿石种类主要有灰岩、闪长岩、

大理岩、矽卡岩及磁铁矿矿石。

岩矿石标本经 24 h 的浸泡后，采用中南大学自主研发的 SQ-3C 型双频激电仪进行测量，然后对每种岩矿石的电阻率和幅频率测量结果进行统计分析，分别绘制电阻率统计结果图和幅频率统计结果图，如图 6-18 和图 6-19 所示。

从图中可以看出，灰岩电阻率最大值为 7000 Ω·m，最小值为 30 Ω·m，平均值为 1000 Ω·m，并且主要集中在 500~1000 Ω·m；幅频率最大值为 6.7%，最小值为 0.2%，平均值为 3.14%，并且主要集中在 1.5%~5%。

闪长岩电阻率最大值为 3800 Ω·m，最小值为 60 Ω·m，平均值为 700 Ω·m，并且主要集中在 200~900 Ω·m；幅频率最大值为 10%，最小值为 0.5%，平均值为 3.5%，并且主要集中在 2%~4%。

大理岩电阻率最大值为 3900 Ω·m，最小值为 130 Ω·m，平均值为 662 Ω·m，并且主要集中在 300~700 Ω·m；幅频率最大值为 9%，最小值为 1.5%，平均值为 4%，并且主要集中在 3%~5%。

矽卡岩电阻率最大值为 1000 Ω·m，最小值为 8 Ω·m，平均值为 155 Ω·m，并且主要集中在 80~200 Ω·m；幅频率最大值为 7%，最小值为 0.4%，平均值为 2%，并且主要集中在 1%~2.7%。

磁铁矿矿石电阻率最大值为 220 Ω·m，最小值为 1 Ω·m，平均值为 44 Ω·m，并且主要集中在 5~70 Ω·m；幅频率最大值为 90%，最小值为 5%，平均值为 55%，并且主要集中在 30%~80%。

综合分析发现，该区磁铁矿矿石与围岩之间存在明显的电性差异，为下一步在该区开展电磁法勘探工作提供了良好的地球物理前提。

6.3.2 物探方法选择及原理

符山矿区采集的 150 余件岩矿石标本经物性分析（图 6-18、图 6-19）可知，闪长岩、灰岩、大理岩、矽卡岩、磁铁矿矿石这几种岩矿石岩性之间存在明显的电性及磁性差别。磁铁矿矿石具有电阻率最小而磁性最大的特点，根据这一特点结合野外探测的可操作性，选取 EH4 电导率成像系统（简称 EH4）作为本次物探工作的主要手段。

EH4 属于部分可控源与天然源相结合的一种大地电磁测深系统。深部构造通过天然背景场源成像（MT），其信息源为 10~100 kHz。浅部构造则通过一种新型的便携式低功率发射器发射 1~100 kHz 人工电磁信号，补偿天然信号的不足，从而获得高分辨率的成像。

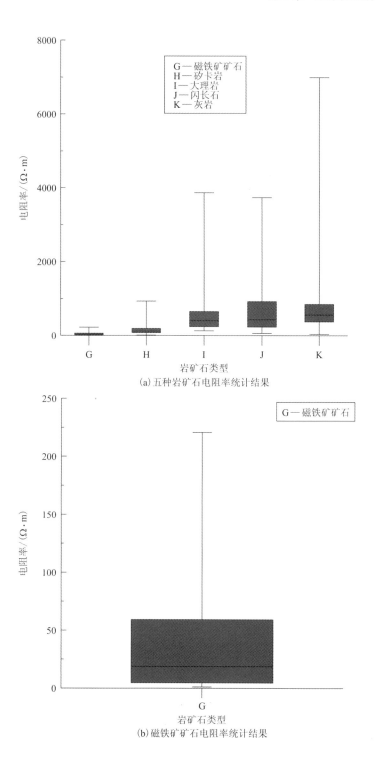

(a)五种岩矿石电阻率统计结果

(b)磁铁矿矿石电阻率统计结果

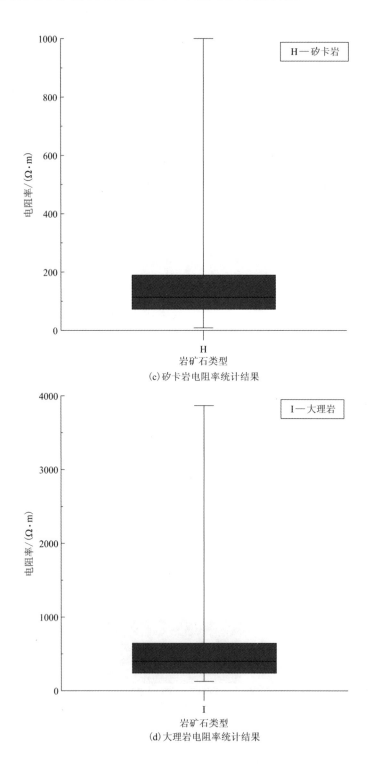

(c)矽卡岩电阻率统计结果

(d)大理岩电阻率统计结果

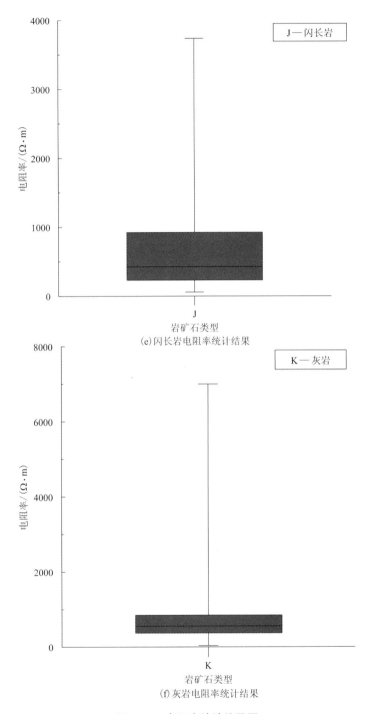

图 6-18　电阻率统计结果图

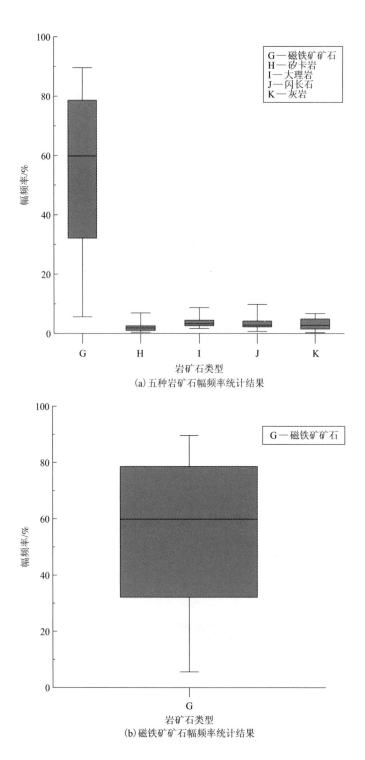

(a)五种岩矿石幅频率统计结果

(b)磁铁矿矿石幅频率统计结果

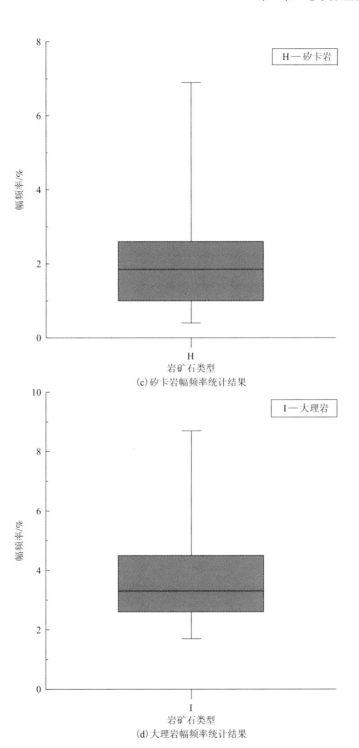

(c)矽卡岩幅频率统计结果

(d)大理岩幅频率统计结果

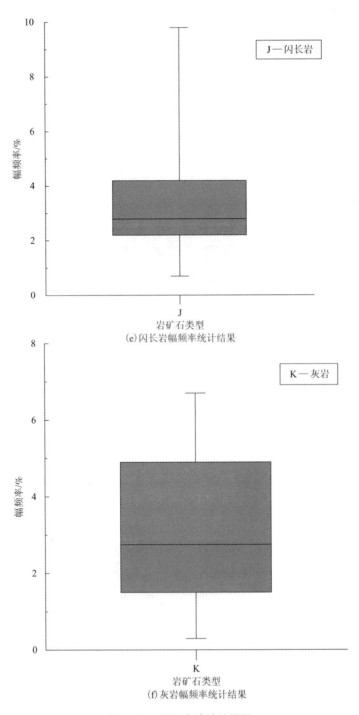

图 6-19　幅频率统计结果图

EH4 电导率成像系统已成功运用于国内地质、煤炭、水利水电行业的找矿、找水等工作中。这种新型物探方法，实现了天然信号源与人工信号源的采集和处理，具有探测深度大(可达 1500 m)、设备轻、速度快、费用低、精度较高等特点，在地质勘探工程中能起到很好的效果。

6.3.3　物探解译成果

符山矿区是开采多年的老矿山，其地表切割深，地形复杂，由于露天开采和塌方等原因，理想的物探测线在一定程度上受到了影响，故在实际操作过程中，遵循最大化反映地底深部真实情况的原则，在误差允许范围内调整了实际测线路线。

符山矿区共分为四个测区，分别为炸药库测区、一矿体测区、四矿体测区以及玉皇殿测区，其中前三个测区采用高频大地电磁测深勘探方法，玉皇殿测区开展磁法扫面工作(图 6-20)。

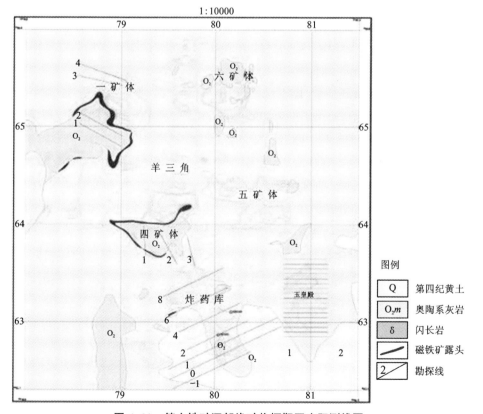

图 6-20　符山铁矿深部找矿物探靶区实际测线图

6.3.3.1 炸药库测区

在符山炸药库测区,共布设七条测线,测线编号从南向北分别为-1、0、1、2、4、6 和 8,测线长度分别为 900 m、1300 m、1260 m、700 m、700 m、700 m、700 m,测线距为 100 m 和 200 m,测点距为 20 m,具体布置情况见符山铁矿深部找矿物探靶区实际测线图(图 6-20)。

对-1 线、0 线、1 线、2 线、4 线、6 线和 8 线的高频大地电磁测深数据进行了反演解释,反演和地质推断解释结果分别如图 6-21、图 6-22、图 6-23、图 6-24、图 6-25、图 6-26 和图 6-27 所示,下面逐一对其进行分析。

从-1 线的 EH4 反演结果[图 6-21(a)]中可以看出,地层大致分为三层,上覆地层电阻率 10~1000 Ω·m,推断为风化的闪长岩,风化裂隙较为发育,可能含少量的裂隙水,该层厚度为 10 ~ 420 m;中间地层电阻率变化范围 20 ~ 6000 Ω·m,推断为灰岩,厚度 680~1300 m,并出露于地表。在灰岩地层中有一低阻异常体,电阻率 10~200 Ω·m,异常宽约 200 m,向下延伸长度约 600 m,为该断面成矿条件较有利的地段,记为物探异常 WT2。在桩号 100~200 m,电阻率等值线在横向上梯度变化较大,推断有一断层通过,记为 F3,南西倾向,倾角约85°。下伏地层电阻率在 300~2000 Ω·m 范围内变化,推断为闪长岩。具体地质推断解释结果如图 6-21(b)所示。

从 0 线的 EH4 反演结果[图 6-22(a)]中可以看出,地层大致分为三层,上覆地层电阻率 150~1000 Ω·m,推断为风化的闪长岩,风化裂隙较为发育,可能含少量的裂隙水,该层厚度为 10~400 m;中间地层电阻率变化范围 200~10000 Ω·m,推断为灰岩,厚度 350~1000 m,并出露于地表。在灰岩地层中有两个低阻异常体,为该断面成矿条件较好的地段,分别记为物探异常 WT2 和 WT3。WT2 异常电阻率约 200 Ω·m,异常沿测线延伸约 500 m,厚度约 150 m。WT3 异常电阻率变化范围为 100~200 Ω·m,异常沿测线延伸约 300 m,向下延伸约 500 m。异常WT2 和 WT3 的异常规模相对较大。在桩号-50~0 m,电阻率等值线在横向上梯度变化较大,推断有一断层通过,记为 F3,南西倾向,倾角约85°。在桩号 450~500 m,电阻率等值线在横向上梯度变化较大,推断有一断层通过,记为 F4,南东倾向,倾角约 85°。下伏地层电阻率在 400~2000 Ω·m 范围内变化,推断为闪长岩。具体地质推断解释结果如图 6-22(b)所示。

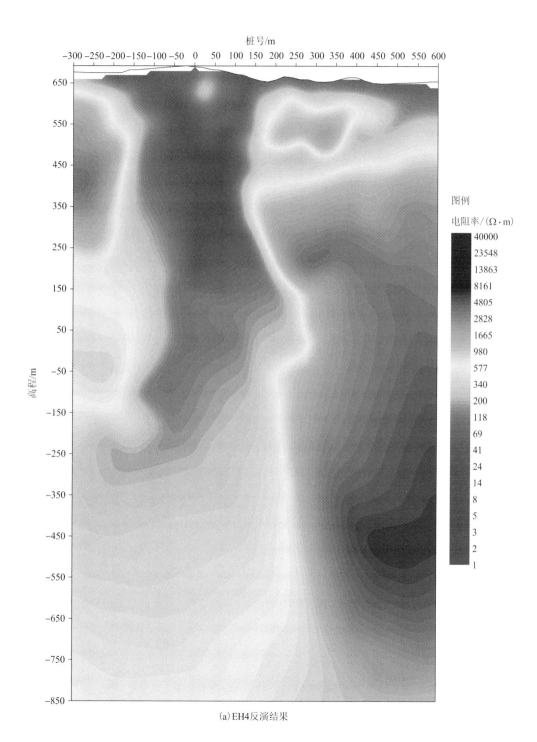

(a)EH4反演结果

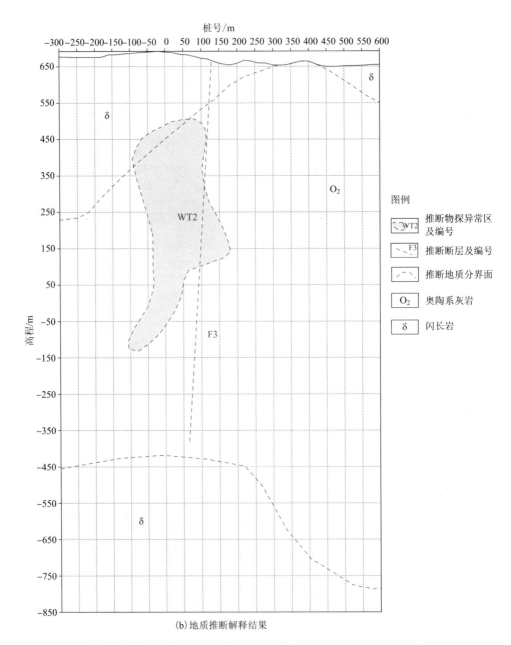

(b)地质推断解释结果

图6-21 符山炸药库测区-1线高频大地电磁测深综合解释成果图

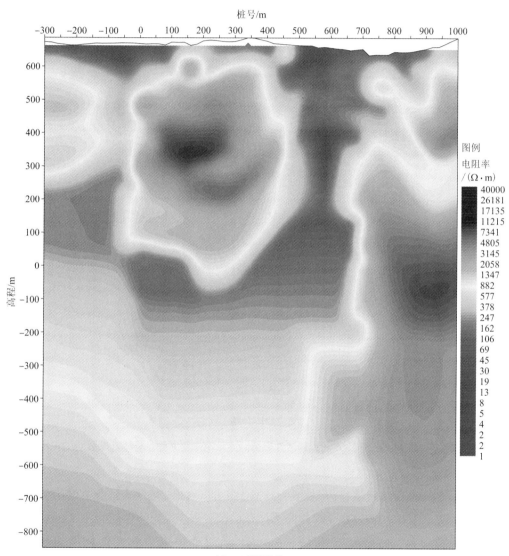

(a)EH4反演结果

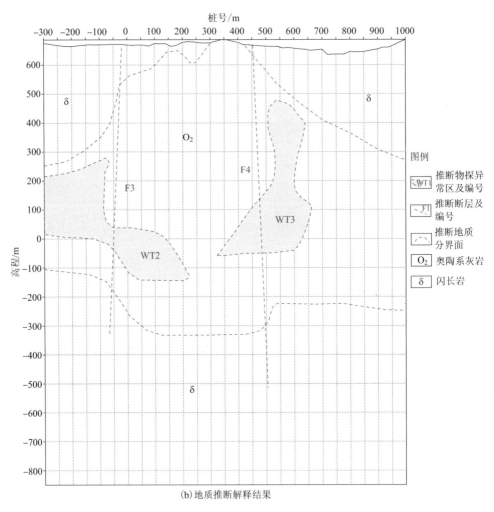

(b)地质推断解释结果

图6-22 符山炸药库测区0线高频大地电磁测深综合解释成果图

从1线的EH4反演结果[图6-23(a)]中可以看出，地层大致分为三层，上覆地层电阻率100~1600 Ω·m，推断为风化的闪长岩，风化裂隙较为发育，可能含少量的裂隙水，该层厚度为10~660 m；中间地层电阻率变化范围为300~12000 Ω·m，推断为灰岩，厚度500~1100 m，并出露于地表。在灰岩地层中有一低阻异常体，电阻率约300 Ω·m，异常宽约100 m，向下延伸长度约400 m，为该断面成矿条件较有利的地段，记为物探异常WT3。在桩号-10~140 m，电阻率等值线在横向上梯度变化较大，推断有一断层通过，记为F3，南西倾向，倾角约

80°。在桩号 550~750 m，电阻率等值线在横向上梯度变化较大，推断有一断层通过，记为 F4，南东倾向，倾角约 80°。下伏地层电阻率在 1000~5000 Ω·m 范围内变化，推断为闪长岩。具体地质推断解释结果如图 6-23(b) 所示。

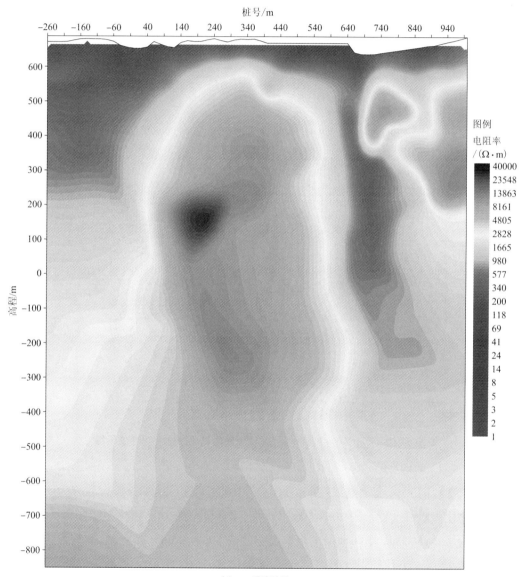

(a)EH4反演结果

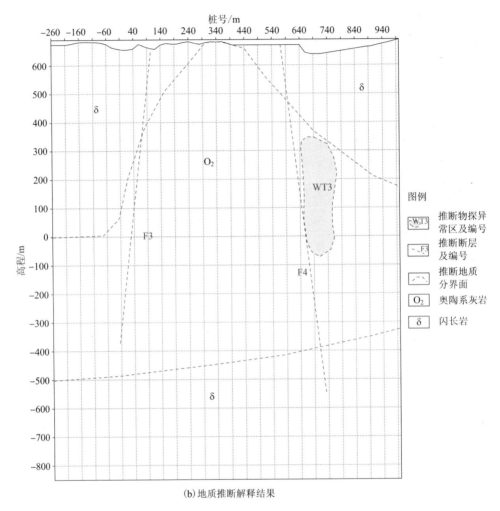

(b) 地质推断解释结果

图 6-23　符山炸药库测区 1 线高频大地电磁测深综合解释成果图

从 2 线的 EH4 反演结果 [图 6-24(a)] 中可以看出，地下介质大致分为三层，上覆地层电阻率变化范围 200~5000 Ω·m，推断为闪长岩，风化裂隙发育，该层厚度为 230~500 m；中间地层电阻率变化范围 5000~15000 Ω·m，推断为灰岩，厚度约 220 m；下伏地层电阻率变化范围为 5000~8500 Ω·m，推断为闪长岩。该断面未见有意义的低阻物探异常。具体地质推断解释结果如图 6-24(b) 所示。

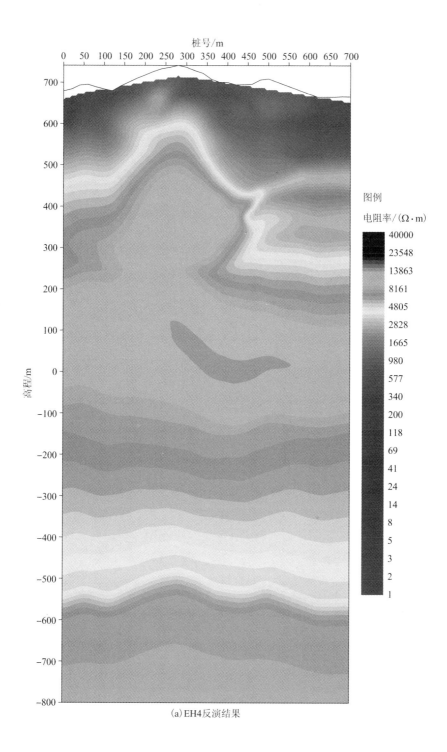

(a)EH4反演结果

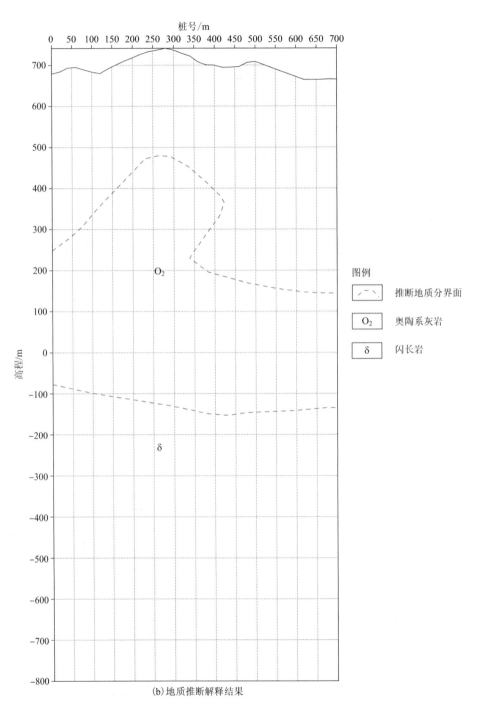

(b)地质推断解释结果

图6-24 符山炸药库测区2线高频大地电磁测深综合解释成果图

从4线的EH4反演结果[图6-25(a)]中可以看出,地下介质大致分为三层,上覆地层电阻率变化范围为100~3000 Ω·m,推断为闪长岩,风化裂隙发育,该层厚度为180~210 m;中间地层电阻率变化范围为3000~20000 Ω·m,推断为灰岩,厚度为550~620 m;下伏地层电阻率变化范围5000~12000 Ω·m,推断为闪长岩。该断面未见有意义的低阻物探异常。具体地质推断解释结果如图6-25(b)所示。

从6线的EH4反演结果[图6-26(a)]中可以看出,地下介质大致分为三层,上覆地层电阻率变化范围为500~5000 Ω·m,推断为闪长岩,风化裂隙发育,该层厚度为260~400 m;中间地层电阻率变化范围为5000~15000 Ω·m,推断为灰岩,厚度为350~580 m;下伏地层电阻率变化范围为15000~40000 Ω·m,推断为闪长岩。该断面未见有意义的低阻物探异常。具体地质推断解释结果如图6-26(b)所示。

从8线的EH4反演结果[图6-27(a)]中可以看出,地下介质大致分为三层,上覆地层电阻率变化范围为300~2000 Ω·m,推断为闪长岩,风化裂隙发育,该层厚度为260~700 m;中间地层电阻率变化范围为2000~5000 Ω·m,推断为灰岩,厚度为160~600 m;下伏地层电阻率变化范围为5000~12000 Ω·m,推断为闪长岩。在桩号450~600 m,电阻率等值线在横向上梯度变化较大,推断有一断层通过,记为F2,北东倾向,倾角约80°。该断面未见有意义的低阻物探异常。具体地质推断解释结果如图6-27(b)所示。

图6-28为炸药库7条线的EH4反演图拼接起来绘制的三维立体图,从图中可以看出,1线、0线和-1线在桩号-60~40 m有一低阻异常带,并且从地表向下有一定程度的延伸,1线和0线在桩号550~650 m有一低阻异常带,从地表向下延伸程度较大。

对符山炸药库测区-1~8线的EH4反演数据沿深度700 m进行切片,绘制的电阻率等值线如图6-28所示,结合EH4反演断面图进行综合分析认为:

测线号-1线~1线,桩号-300~200 m处,存在一连续的低阻异常带WT2,顶底板埋深200~850 m,从平面图看,该异常向南方向未封闭。在测线号0线~1线,桩号480~720 m,存在一连续的低阻异常WT3,顶底板埋深200~700 m。炸药库测区WT2和WT3为成矿条件较有利的低阻异常。

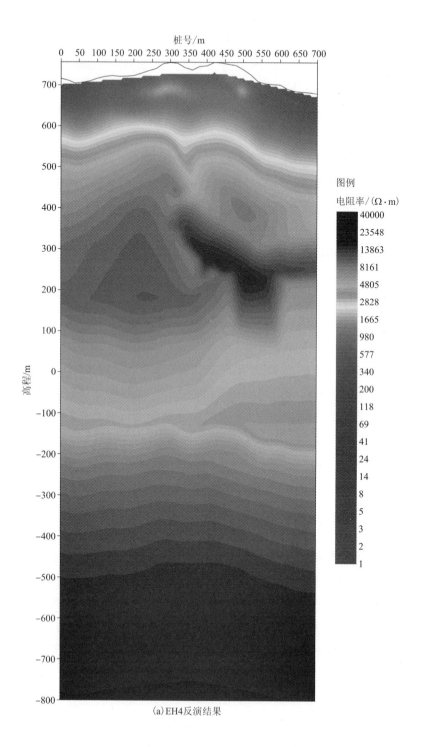

(a)EH4反演结果

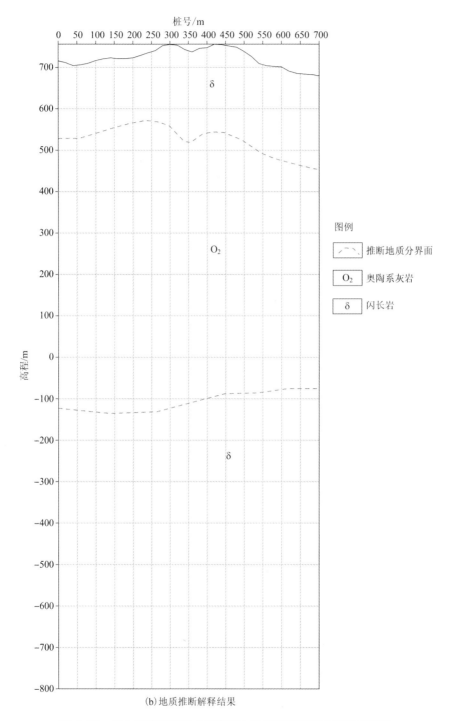

(b) 地质推断解释结果

图 6-25　符山炸药库测区 4 线高频大地电磁测深综合解释成果图

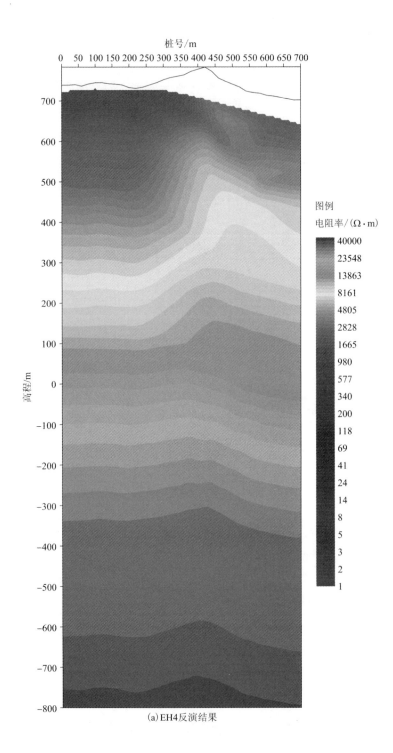

(a) EH4反演结果

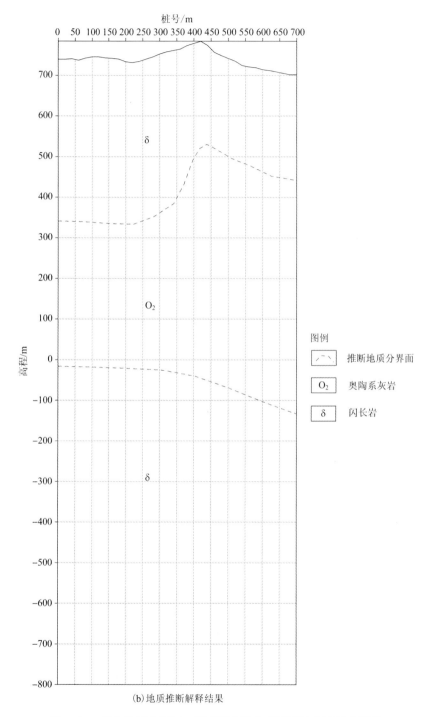

(b) 地质推断解释结果

图 6-26　符山炸药库测区 6 线高频大地电磁测深综合解释成果图

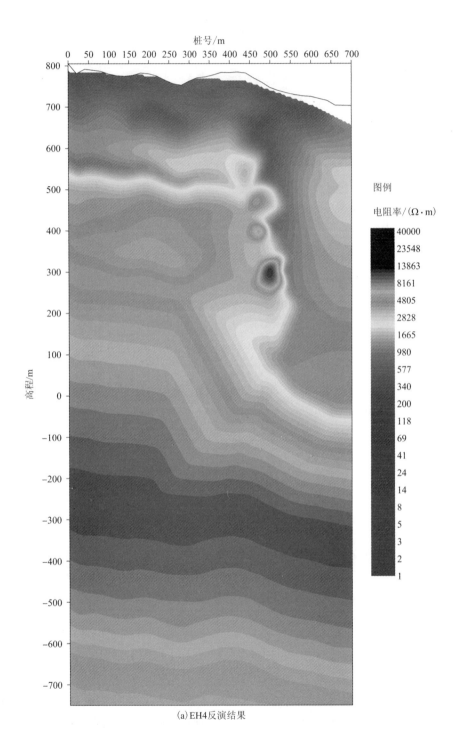

(a)EH4反演结果

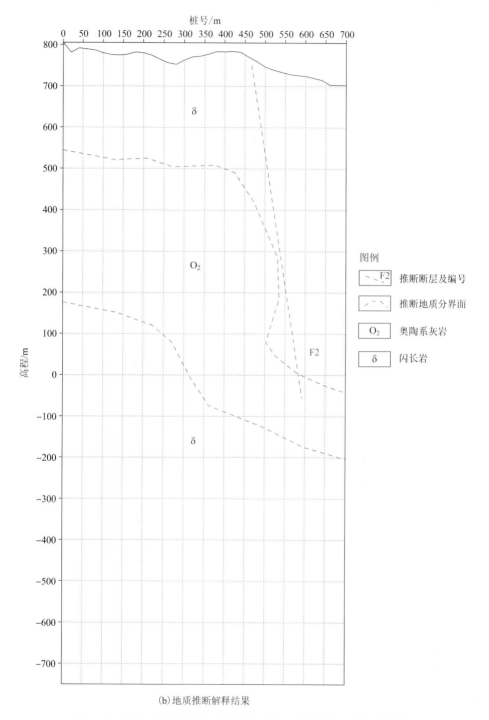

(b) 地质推断解释结果

图 6-27　符山炸药库测区 8 线高频大地电磁测深综合解释成果图

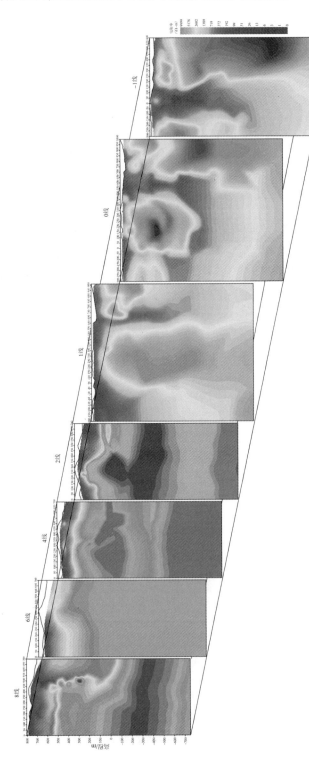

图6-28 符山炸药库高频大地电磁二维反演三维立体图

6.3.3.2　一矿体测区

一矿体测区共布设四条测线，每条测线长 500 m，点距 20 m，测点数 104 个。其中 1 线和 2 线位于一矿体采坑西侧，线距约 100 m；3 线和 4 线位于一矿体采坑东侧，线距约 100 m；测点位置见符山铁矿深部找矿物探靶区实际测线图（图 6-20）。因矿体露天开采，地形起伏很大，实际测线位置与原设计位置有偏差。

对 1 线、2 线、3 线和 4 线的高频大地电磁测深数据进行了反演解释，反演和地质推断解释结果分别见图 6-29、图 6-30、图 6-31 和图 6-32，下面逐一对其进行分析。

从 1 线的 EH4 反演结果[图 6-29(a)]中可以看出，上覆地层电阻率 500～6500 Ω·m，推断为风化的灰岩，风化裂隙较为发育，可能含少量的裂隙水，该层厚度为 160～260 m；中间地层电阻率很高，电阻率变化范围 6500～45000 Ω·m，推断为完整的灰岩，厚度 350～570 m；下伏地层电阻率相对较高，在 10000～30000 Ω·m 范围内变化，推断为闪长岩；在灰岩与闪长岩的接触带附近电阻率呈相对低阻特征，电阻率约 8000 Ω·m，推断为成矿条件较有利的地段，记为物探异常 WT1，该异常沿测线长约 240 m，厚度约 30 m。具体地质推断解释结果如图 6-29(b)所示。

从 2 线的 EH4 反演结果[图 6-30(a)]中可以看出，上覆地层电阻率 500～2500 Ω·m，推断为风化的灰岩，风化裂隙较为发育，可能含少量的裂隙水，该层厚度为 180～270 m；中间地层电阻率较高，电阻率变化范围 2500～8500 Ω·m，推断为完整的灰岩，厚度 170～400 m；下伏地层电阻率相对较高，在 4000～20000 Ω·m 范围内变化，推断为闪长岩；在灰岩与闪长岩的接触带附近电阻率呈相对低阻特征，电阻率约 2800 Ω·m，推断为成矿条件较有利的地段，记为物探异常 WT1，该异常沿测线长约 160 m，厚度约 30 m。具体地质推断解释结果如图 6-30(b)所示。

从 3 线的 EH4 反演结果[图 6-31(a)]中可以看出，上覆地层电阻率 300～1500 Ω·m，推断为风化的闪长岩，风化裂隙较为发育，可能含少量的裂隙水，该层厚度为 180～350 m；中间地层电阻率较高，电阻率变化范围 1500～10000 Ω·m，推断为完整的灰岩，厚度 360～510 m；下伏地层电阻率相对较高，在 5000～15000 Ω·m 范围内变化，推断为闪长岩。该断面未见有意义的低阻物探异常。具体地质推断解释结果如图 6-31(b)所示。

从 4 线的 EH4 反演结果[图 6-32(a)]中可以看出，上覆地层电阻率 800～2500 Ω·m，推断为风化的闪长岩，风化裂隙较为发育，可能含少量的裂隙水，该

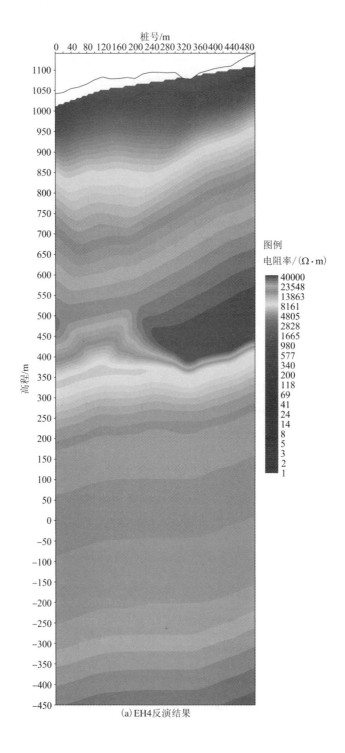

(a) EH4反演结果

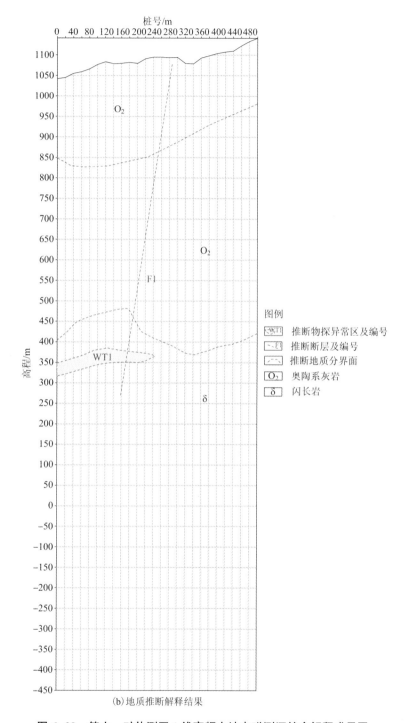

图 6-29 符山一矿体测区 1 线高频大地电磁测深综合解释成果图

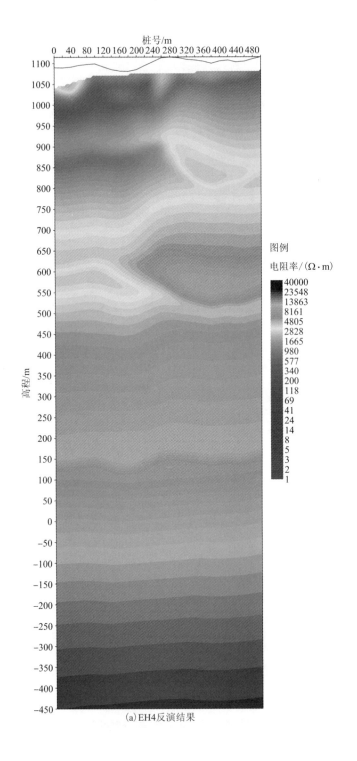

(a)EH4反演结果

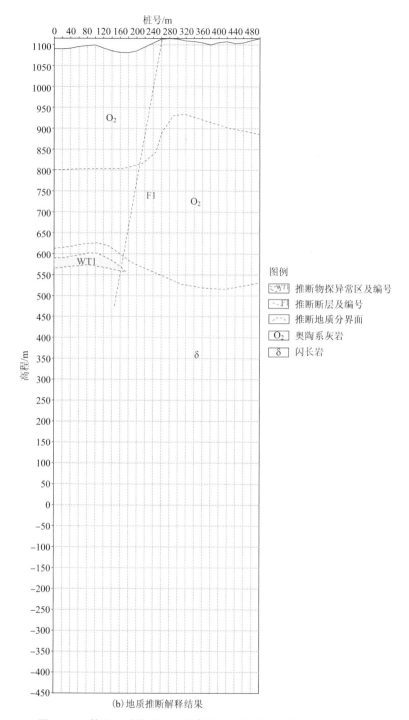

图例
推断物探异常区及编号
推断断层及编号
推断地质分界面
奥陶系灰岩
闪长岩

(b)地质推断解释结果

图 6-30　符山一矿体测区 2 线高频大地电磁测深综合解释成果图

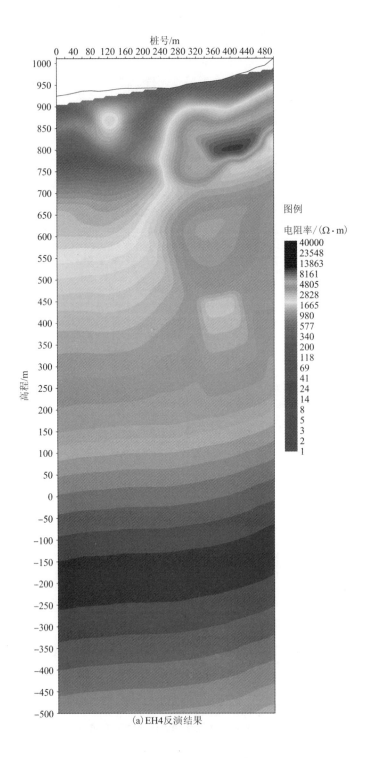

(a) EH4反演结果

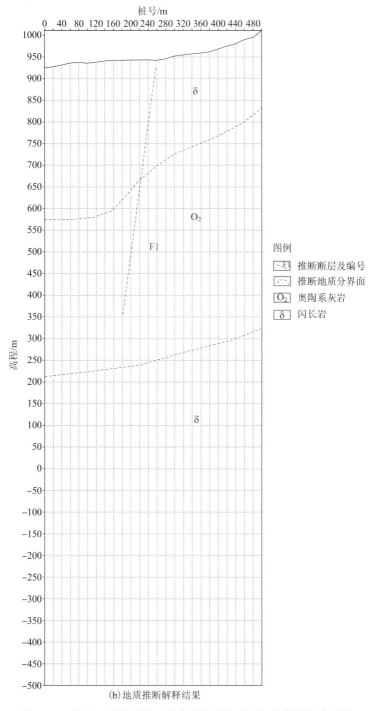

(b)地质推断解释结果

图 6-31　符山一矿体测区 3 线高频大地电磁测深综合解释成果图

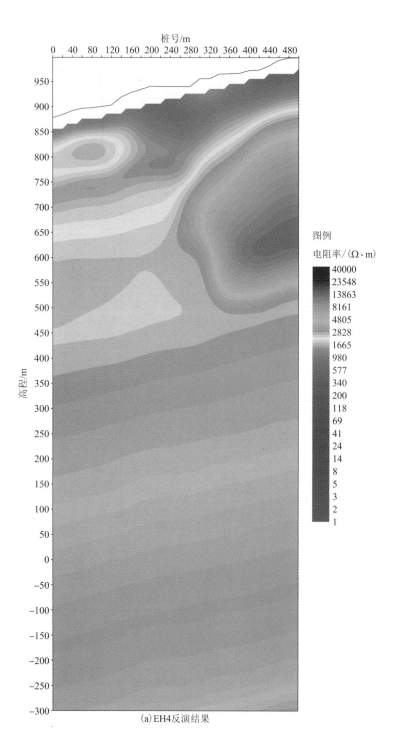

(a)EH4反演结果

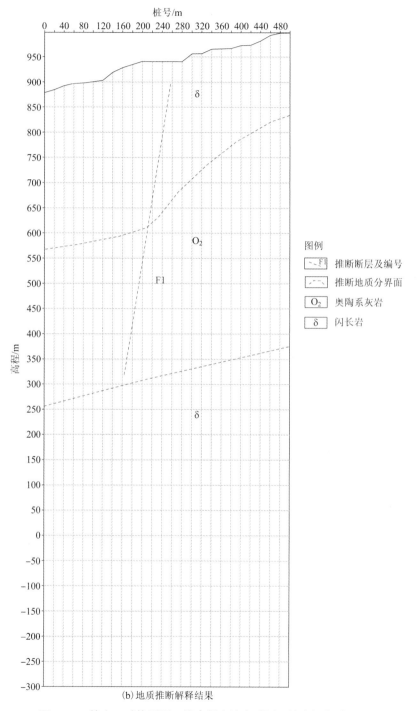

(b)地质推断解释结果

图 6-32　符山一矿体测区 4 线高频大地电磁测深综合解释成果图

层厚度为170~320 m；中间地层电阻率较高，电阻率变化范围为2500~12000 Ω·m，推断为完整的灰岩，厚度310~450 m；下伏地层电阻率相对较高，在4000~6000 Ω·m范围内变化，推断为闪长岩。该断面未见有意义的低阻物探异常。具体地质推断解释结果如图6-32(b)所示。

对符山一矿体测区1~4线的EH4反演数据沿低阻异常带中心深度400~710 m范围进行切片，绘制的电阻率等值线，以及结合EH4反演断面图进行综合分析，仅1线和2线分别在深度710 m和515 m有一低阻薄层，推断为成矿条件较有利的异常，记为WT1。该异常倾向为南西向，倾角较大，约65°，异常沿测线长160~240 m，厚度约30 m，规模相对较小。在3线和4线的反演断面上未发现有意义的低阻异常带。综合4条线的反演断面图和切片图，在桩号240~320 m附近，在横向上电阻率等值线梯度变化较大，推断有一断层通过，记为F1。

6.3.3.3 四矿体测区

四矿体测区共布设测线3条，从西向东分别为1线、2线和3线，线距约200 m；测线长度分别为300 m、400 m和300 m，共1000 m，测点数53个。该区地形起伏很大，有较多陡崖，实际测线位置与原设计位置略有偏差。

采用IMAGEM软件对3条测线的数据进行了反演处理，反演结果详见图6-33~图6-35。对符山四矿体测区1~3线的EH4反演数据沿深度200 m进行切片后绘图并结合EH4反演断面图进行综合分析，在三条线的反演断面图上未发现有意义的低阻物探异常。

从1线的EH4反演结果[图6-33(a)]中可以看出，地下介质可分为两层，上覆地层电阻率相对较高(500~40000 Ω·m)，推断为灰岩，该层厚度约500 m；下伏地层电阻率在4000~10000 Ω·m范围内变化，推断为闪长岩。该线未发现有意义的低阻物探异常。具体地质推断解释结果如图6-33(b)所示。

从2线的EH4反演结果[图6-34(a)]中可以看出，上覆地层电阻率等值线在桩号200 m左右梯度变化较大，推断为灰岩和闪长岩的接触带；下伏地层电阻率在4000~15000 Ω·m范围内变化，推断为闪长岩。该线未发现有意义的低阻物探异常。具体地质推断解释结果如图6-34(b)所示。

从3线的EH4反演结果[图6-35(a)]中可以看出，上覆地层电阻率300~3000 Ω·m，推断为闪长岩，风化裂隙发育，该层厚度为230~260 m；中间地层电阻率较高，电阻率变化范围800~2000 Ω·m，推断为灰岩，厚度约220 m；下伏地层电阻率很高，在2000~10000 Ω·m范围内变化，推断为闪长岩。该断面未见有意义的低阻物探异常。具体地质推断解释结果如图6-35(b)所示。

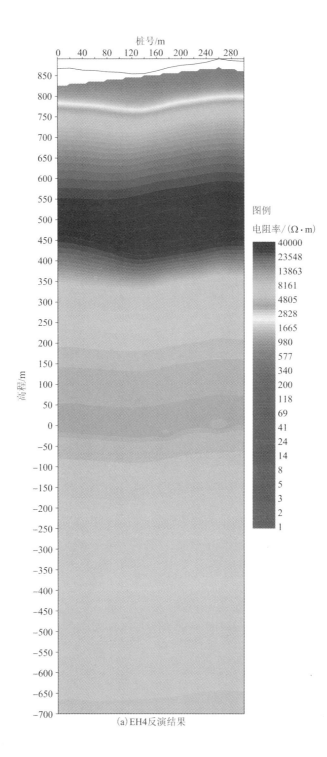

(a)EH4反演结果

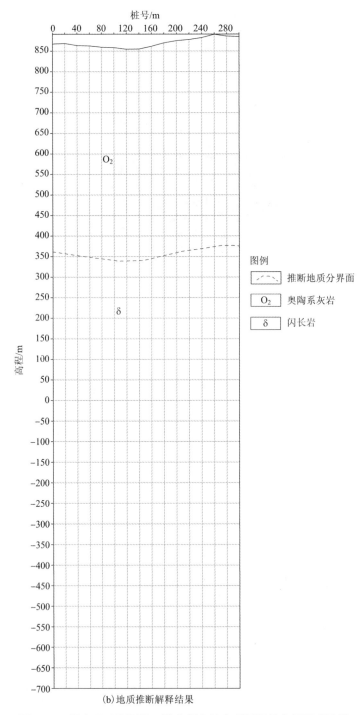

(b)地质推断解释结果

图 6-33 符山四矿体测区 1 线高频大地电磁测深综合解释成果图

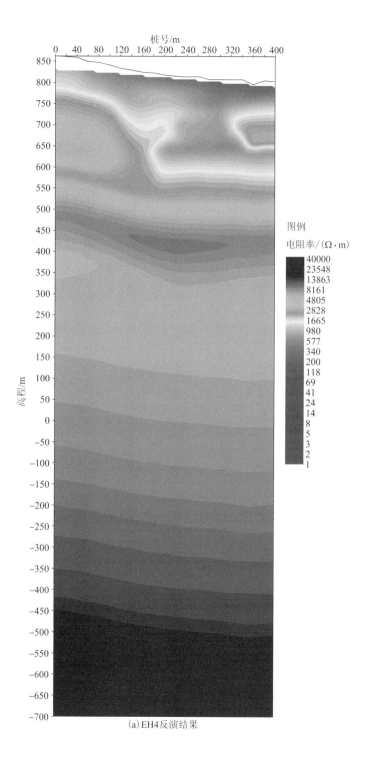

(a)EH4反演结果

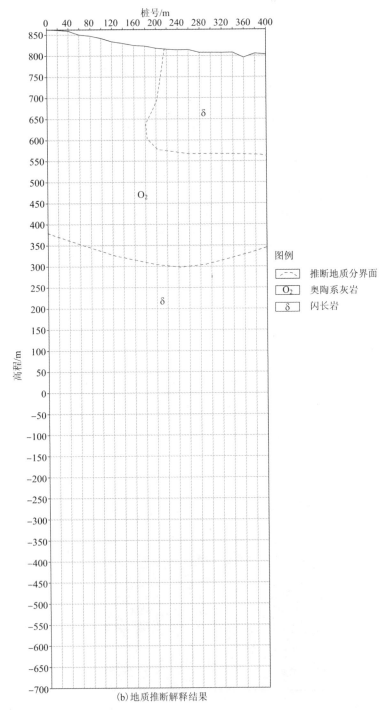

(b) 地质推断解释结果

图6-34 符山四矿体测区2线高频大地电磁测深综合解释成果图

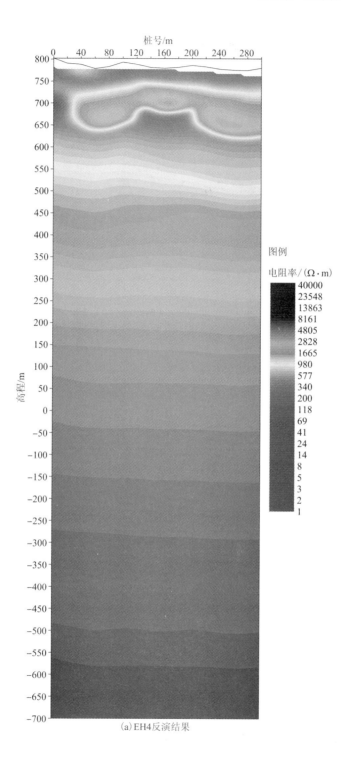

(a)EH4反演结果

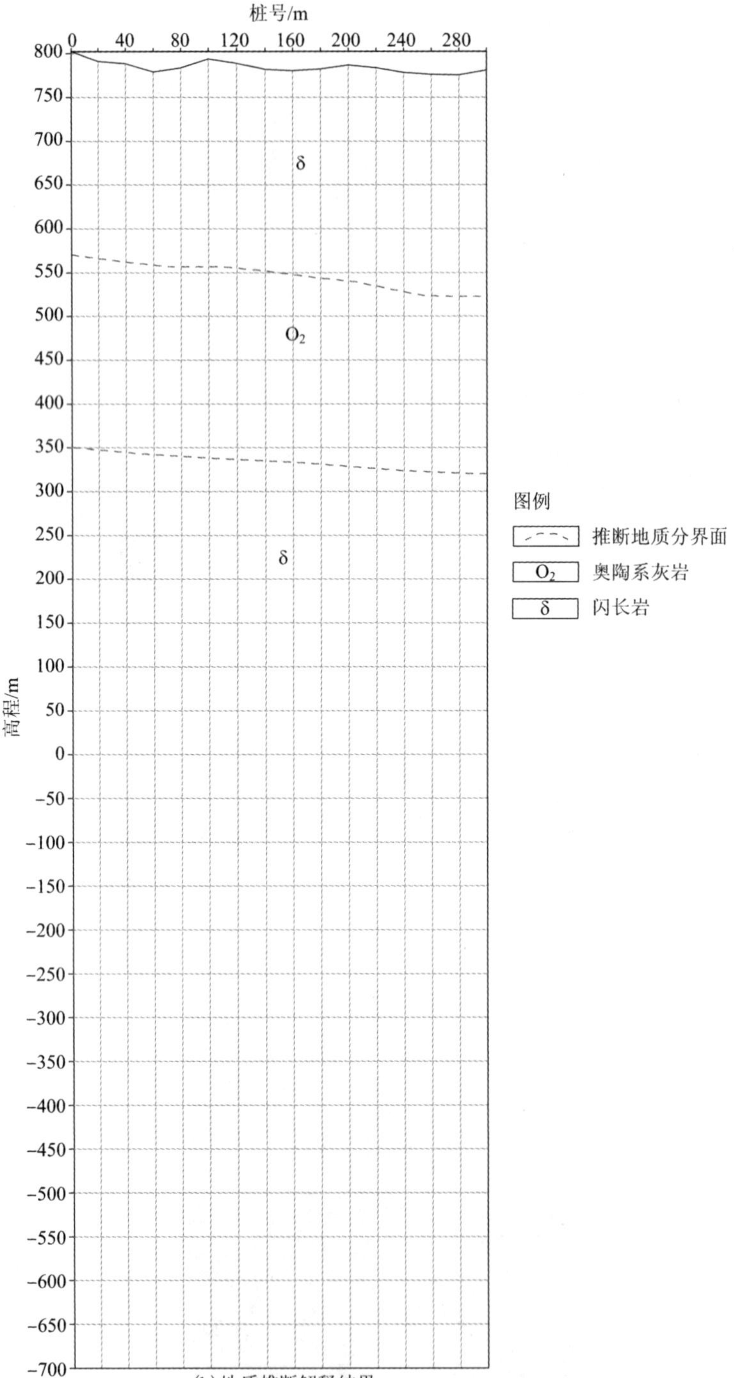

桩号/m

图例

—·—·— 推断地质分界面

O_2 奥陶系灰岩

δ 闪长岩

(b)地质推断解释结果

图6-35　符山四矿体测区 3 线高频大地电磁测深综合解释成果图

6.3.3.4 玉皇殿测区

在符山玉皇殿测区共布设 17 条测线，每条测线长 460 m，测线距 50 m，点距 20 m，具体位置见图 6-20 所示。

该测区仅进行了高精度磁法测量，数据处理结果如图 6-36 所示，图中深色区域为磁异常相对较高的区域（大于 450 nt），最大磁场值已达到 2600 nt，该异常带宽度约 150 m，走向基本与山脊的走向一致，由于整个测区基本为闪长岩出露，闪长岩的磁性也较大，随着地形高程的增加，闪长岩的厚度会逐渐增加，磁异常值也会逐渐增大，所以推断该磁异常是由闪长岩本身引起的，而不是磁铁矿异常，找矿意义不大。

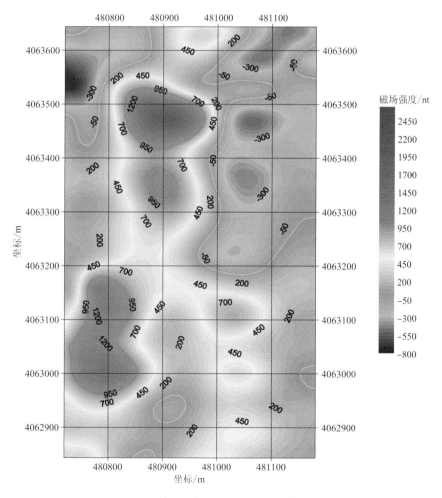

图 6-36　符山玉皇殿测区磁测数据等值线图

6.3.4 符山深部地质解释

综合分析认为，符山深部为大面积的闪长岩体托底，从其出露的面积及分布特征来看，其侵入通道应当是沿深大断裂——涉县断层与北北东向断层的交会部位侵入，沿围岩薄弱部位强烈就位，侵入中心应当位于西戌附近，在靠近侵入中心最近的符山矿区，由于围岩为中奥陶统灰岩的特殊优越性，侵入集中，矿区内地表闪长岩体分布广泛，灰岩多呈大小不一的捕房体分布其中，矿体就沿接触边界或成矿有利部位富集(图6-37)。

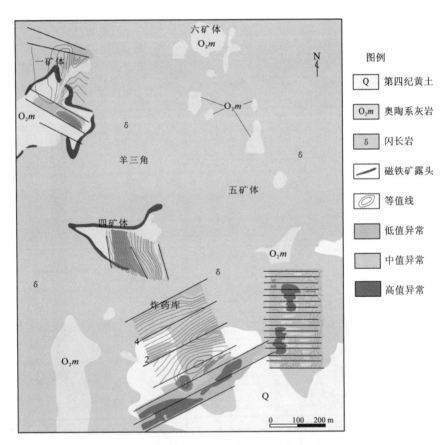

图6-37 符山矿区物探工程综合推断解释平面图

矿区以西，由于岩浆运移及上侵能力相对减弱，同时地层岩性变化，开始出现较为稳定的寒武纪地层(如前西峪附近)，地表闪长岩体出现较少，主要集中在郭庄一带，成矿潜力与符山矿区相比降低；向东地层(如马佈地区)为较为稳定的寒武纪灰岩，故侵入不强，未达地表，矿化相对较弱。

经实地考察及物探成果解译，在综合地面信息及深部信息的基础上，选取代表性剖面 A-A'(图 6-38)，分三个区段(一矿体、四矿体、炸药库)进行深部地质情况推测，用以说明符山矿区深部地质情况，为建立矿床立体化模型及寻求找矿突破提供重要依据。

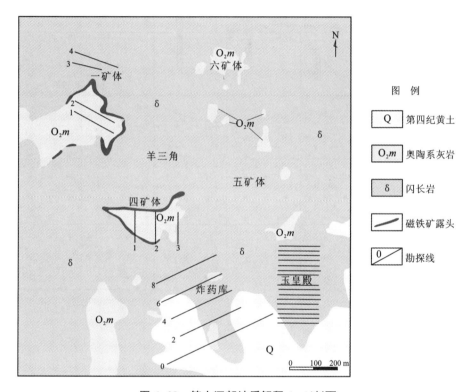

图 6-38　符山深部地质解释 A-A' 剖面

6.3.4.1　一矿体深部地质解释

根据物探成果反映，一矿体深部情况较为明显，可见较大的岩性差异，推测深部标高 500 m 以下均为闪长岩体，近地表灰岩呈捕房体分布于岩体内，与历史采矿勘探成果吻合(图 6-39)。

6.3.4.2　四矿体深部地质解释

四矿体是符山矿区现今残采阶段最重要的矿体，从地表可见岩体与碳酸盐岩接触明显，矿体基本上沿接触带产出。灰岩体规模较大(图 6-40)。

从目前开采情况及物探解译成果来看，高程 500 m 以下未见明显的岩性变

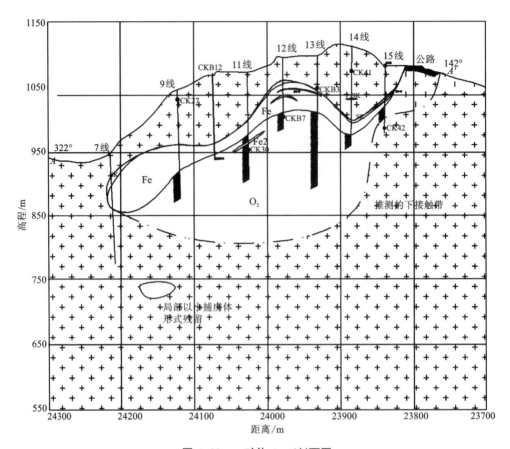

图 6-39 一矿体 A-A' 剖面图

化，认为均为闪长岩体。矿体目前主要产于闪长岩体内部存在的小捕房体内，说明其下部捕房体模式为主要成矿模式，但规模必然很小，无明显规律。

6.3.4.3 炸药库深部地质解释

炸药库作为本次找矿研究的重点突破区域，其深部地质情况主要通过物探成果结合历史钻探资料进行推测(图 6-41)。

本区地表基本为闪长岩体，仅有少量大理岩出露，接触带附近有矽卡岩化。从物探成果图上分析来看，高程-200 m 以下均为闪长岩体，未见岩性差异。下接触带形态不规则，局部有断层或者陡立的接触带，推测矿化可能就发生于此。

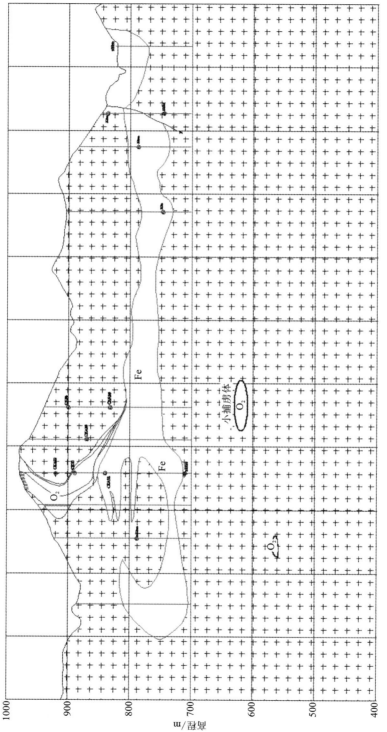

图 6-40　符山铁矿四矿体 A-A′剖面图

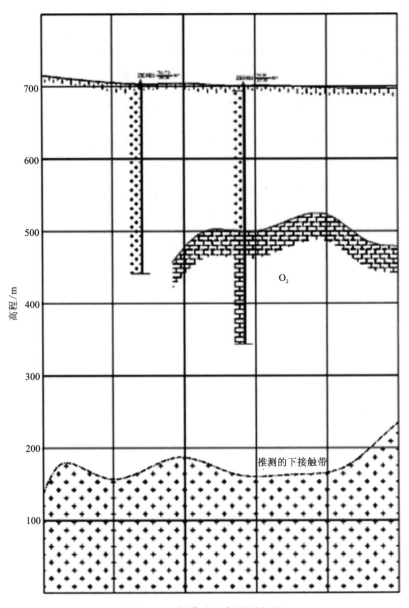

图 6-41 炸药库深部预测剖面

第7章 结束语

7.1 研究取得的主要成果

(1)通过前人研究成果及认识，总结和研究了邯邢矿区区域大地构造背景、区域地质特征；总结和研究了邯邢矿区玉泉岭、玉石洼、符山铁矿床及相关岩体的地质特征，矿石的矿物组成、化学组成、结构、构造，围岩蚀变特征。

(2)对玉泉岭、玉石洼、符山铁矿床进行侵入岩、围岩主量元素、稀土元素、微量元素分析，并探讨了侵入岩等形成的构造环境。

(3)对玉泉岭铁矿进行原生晕地球化学找矿预测研究，通过原生晕异常指导找矿工作；对玉石洼铁矿通过遥感地质技术，分析矿床异常分布情况，确定找矿靶区；符山铁矿通过总结找矿标志，确定找矿靶区。

(4)通过EH4物探方法对玉泉岭铁矿找矿靶区、玉石洼铁矿找矿靶区、符山铁矿找矿靶区进行预测，确定矿体、岩体、断层产状。

7.2 今后工作展望

今后应加强在矿区深边部开展成矿系列或成矿系统方面的研究，以扩大矿区的找矿范围。对地球物理EH4异常区域结合中段图采用坑内立钻或水平钻进行验证，并进一步推断矿体延伸趋势，采用地质探矿坑道进行探矿。

由于时间、精力以及经费所限，一些问题的研究尚未取得满意的结果，另因作者能力、水平有限，本书一定存在不少的疏漏之处，敬请各位读者批评指正。

参考文献

[1] Dolgopolova A, Seltmann R, Stanley C. Isotope systematics of ore-bearing granites and host rocks of the Orlovka-Spokoinoe mining district, eastern Transbaikalia, Russia[J]. Proceedings of the Eighth biennial SGA meeting, Beijing, 2005: 747-750.

[2] Ahmet S, Fuat Y, Ahmet S, et al. Geochmical patterns of the Akdagmadeni(Yozgat, central Turkey)fluorite deposits and implications[J]. Journal of Asian Earth Sciences, 2005(24): 469-479.

[3] Dennis P, Cox. Mineral Deposit Models[M]. Geological Survey Bulletin, 1987: 1-379.

[4] Paolo Fulignati, Anna Gioncada, Alessandro Sbrana. Rare earth element(REE)behaviour in the alteration facies of the active magmatic-hydrothermal system of Vulcano(Aeolian Islands, Italy) [J]. Journal of Volcanology and Geothermal Research, 1999(88): 325-342.

[5] Philip R Whitney, James F Olimsted. Rare earth element metasomatism in hydrothermal systems: the Willsboro-lew is wollastonite ores, New York, USA [J]. Geochimica, 1998, 62(17): 2965-2977.

[6] 别风雷, 李胜荣, 孙岱生, 等. 川西呷村黑矿型多金属矿床热液体系稀土元素组成特征 [J]. 矿物学报, 2000, 20(3): 233-241.

[7] 蔡锦辉, 韦昌山, 孙明慧. 湖南骑田岭白腊水锡矿床成矿年龄讨论[J]. 地球学报, 2004, 25(2): 235-238.

[8] 曹新志, 孙华山, 徐伯骏. 关于成矿预测研究的若干进展[J]. 黄金, 2003, 24(4): 11-14.

[9] 陈建平, 唐菊兴, 陈勇, 等. 西南三江北段纳日贡玛铜钼矿床地质特征与成矿模式[J]. 现代地质, 2008, 22(1): 9-17.

[10] 陈衍景, 陈华勇, Zaw K, 等. 中国陆区大规模成矿的地球动力学: 以矽卡岩型金矿为例 [J], 地学前缘, 2004, 11(1): 57-83.

[11] 陈毓川, 朱裕生. 中国矿床成矿模式[M]. 北京: 地质出版社, 1993.

[12] 陈毓川. 矿床的成矿系列[J]. 地学前缘, 1994, 1(3-4): 90-94.

[13] 程裕淇, 陈毓川, 赵一鸣. 初论矿床的成矿系列问题[J]. 中国地质科学院院报, 1979,

1(1)：32-58.

[14] 程裕淇，陈毓川，赵一鸣，等.再论矿床的成矿系列问题：兼论中生代某些矿床地成矿系列[J].地质论评，1983，29(2)：127-139.

[15] 董建华.太行山南端符山岩体的成因：岩石学和地球化学证据[J].自然科学进展，2003，13(7)：767-774.

[16] 董振信.鲁中燕山期侵入杂岩与成矿[M].北京：地质出版社，1987.

[17] 杜高峰，戴塔根，邹海洋，等.河北武安矿山村矿田铁矿的稀土元素特征及其地质意义[J].中国有色金属学报，2012：22(3)：802-808.

[18] 方维萱，高珍权，贾润幸，等.东疆沙泉子铜和铜铁矿床岩(矿)石地球化学研究与地质找矿前景[J].岩石学报，2006，22(5)：1413-1424.

[19] 冯钟燕，赖勇.邯邢铁矿的蚀变矿化[J].矿床地质，1991，10(1)：71-80.

[20] 冯钟燕.太行山南段有矿岩体与无矿岩体的对比[J].现代地质.1998，12(4)：467-476.

[21] 韩春明，肖文交，崔彬，等.新疆北部晚古生代铜矿床主要类型和地质特征[J].地质学报，2006，80(1)：74-89.

[22] 郝俊杰，郭海全，李春章，等.河北省邯邢式铁矿找矿方法回顾与展望[J].地质调查与研究.2008，31(4)：315-320.

[23] 胡旺亮，吕瑞英，高怀忠，等.矿床统计预测方法流程研究[J].地球科学：中国地质大学学报，1995，20(2)：128-132.

[24] 黄福生，薛绥洲.邯邢侵入体中幔源超镁铁质岩包体的发现及其矿物地球化学特征[J].岩石学报，1990，6(4)：40-45.

[25] 侯增谦，田世洪，谢玉玲，等.川西冕宁-德昌喜马拉雅期稀土元素成矿带：矿床地质特征与区域成矿模型[J].矿床地质，2008，27(2)：145-176.

[26] 贾木欣，于方，冯钟燕.邯邢式铁矿成因机理探讨[J].矿冶.2006，15(2)：80-84.

[27] 贾润幸，方维萱，胡瑞忠，等.云南个旧塘子凹锡多金属矿床矽卡岩地质地球化学特征[J].地质论评，2007，53(2)：281-289.

[28] 焦鹏，高兴艳，刘章存.金场矿区矽卡岩型含金铜多金属矿床成矿规律及深部找矿预测[J].有色金属(矿山部分)，2006，58(4)：24-26.

[29] 李大民，孙永君，许文进，等.甘肃天鹿砂岩型铜矿床地质特征及成矿模式[J].矿床地质，2006，25(3)：312-320.

[30] 李大新，赵一鸣.江西焦里矽卡岩银铅锌钨矿床的矿化矽卡岩分带和流体演化[J].地质论评，2004，50(1)：16-24.

[31] 李光明，秦克章，丁奎首，等.冈底斯东段南部第三纪矽卡岩型 Cu-Au±Mo 矿床地质特征/矿物组合及其深部找矿意义[J].地质学报，2006，80(9)：1407-1421.

[32] 李国强.邯邢铁成矿区成矿岩体产状与找矿方向[J].硅谷，2008，1(23)：5-6.

[33] 李黎明. 论邯邢式铁矿成矿构造控制因素[J]. 地质与勘探, 1986, 22(4): 1-11.

[34] 李建辉. 石板坡铁矿矿床地质特征及矿床成因探讨[J]. 西部探矿工程. 2007, 19(4): 107-109.

[35] 李闫华, 鄢云飞, 谭俊, 等. 稀土元素在矿床学研究中的应用[J]. 地质找矿论丛, 2007, 22(4): 294-298.

[36] 廖超林, 王岳军, 彭头平. 太行山南段早元古代基性脉岩的 $^{40}Ar-^{30}Ar$ 年代学及其构造意义[J]. 大地构造与成矿学. 2003, 27(4): 354-361.

[37] 凌其聪, 刘丛强. 层控矽卡岩及有关矿床形成过程的稀土元素行为: 以安徽冬瓜山矿床为例[J]. 岩石学报, 2003, 19(1): 192-200.

[38] 凌其聪, 刘丛强. 冬瓜山层控矽卡岩型铜矿床成矿流体特征及其成因意义[J]. 吉林大学学报(地球科学版), 2002, 32(3): 219-224.

[39] 凌其聪. 层控矽卡岩型铜(金)矿床的成矿作用动力学研究[D]. 武汉: 中国地质大学, 1999.

[40] 刘春吉. 河北邯邢铁矿床水文地质条件的再认识[J]. 冶金矿山设计与建设, 1994(2): 1-6.

[41] 刘继顺, 马光, 舒广龙. 湖北铜绿山矽卡岩型铜铁矿床中隐爆角砾岩型金(铜)矿体的发现及其找矿前景[J]. 矿床地质, 2005, 24(5): 527-536.

[42] 刘建中, 邓一明, 刘川勤, 等. 贵州省贞丰县水银洞层控特大型金矿成矿条件与成矿模式[J]. 中国地质, 2006, 33(1): 169-177.

[43] 刘石年. 成矿预测学[M]. 长沙: 中南工业大学出版社, 1993.

[44] 马光. 鄂东南铜绿山铜铁金矿床地质特征、成因模式及找矿方向[D]. 长沙: 中南大学, 2005.

[45] 毛景文, Holly STEIN, 杜安道, 等. 长江中下游地区铜金(钼)矿 Re-Os 年龄测定及其对成矿作用的指示[J]. 地质学报, 2004, 78(1): 121-131.

[46] 牛树银, 董国润, 许传涛. 论太行山构造岩浆带的岩浆来源及其成因[J]. 地质论评. 1995, 41(4): 301-310.

[47] 彭头平, 王岳军, 范蔚茗, 等. 南太行山闪长岩的 SHRIMP 锆石 U-Pb 年龄及岩石成因研究[J]. 岩石学报, 2004, 20(5): 1253-1262.

[48] 邱晓峰. 符山铁矿区优势度找矿模型及靶区选择[D]. 南京: 南京大学, 2003.

[49] 芮宗瑶, 侯增谦, 李光明, 等. 冈底斯斑岩铜矿成矿模式[J]. 地质论评, 2006, 52(4): 459-466.

[50] 佘宏全, 丰成友, 张德全, 等. 西藏冈底斯铜矿带甲马矽卡岩型铜多金属矿床与驱龙斑岩型铜矿流体包裹体特征对比研究[J]. 岩石学报, 2006, 22(3): 689-696.

[51] 沈保丰, 翟安民, 李增慧, 等. 冀南邯邢式铁矿成矿地质条件分析[J]. 地质学报, 1981,

55(2)：127-139，164.

[52] 沈保丰，陆松年，翟安民，等. 冀南等地接触交代型铁矿床中磁铁矿的化学成分特征及其地质意义[J]. 地质论评，1979，25(1)：10-18.

[53] 沈保丰，翟安民，苗培森，等. 华北陆块铁矿床地质特征和资源潜力展望[J]. 地质调查与研究. 2006，29(4)：244-252.

[54] 沈柳生. 邯邢地区京广铁路以东隐伏富铁矿资源潜力浅析[J]. 矿产与地质，2008，22(4)：314-318.

[55] 沈远超，曾庆栋，刘铁兵，等. 隐伏金矿定位预测[J]. 地质与勘探，2001，37(1)：1-6.

[56] 史志鸿，孔令海，李玉成，等. 涉县符山铁矿深部找矿探讨[J]. 现代矿业，2014，30(7)：104-106.

[57] 宋保昌，蔡新平，徐兴旺，等. 云南中甸红山铜-多金属矿床新生代热泉喷流沉积型矿床[J]. 地质科学，2006，41(4)：700-710，737.

[58] 泰勒(李文达，译). 稀土元素在矿床研究中的应用[M]. 北京：地质出版社，1987.

[59] 田世洪，丁梯平，侯增谦，等. 安徽铜陵小铜官山铜矿床稀土元素和稳定同位素地球化学研究[J]. 中国地质，2005，32(4)：604-613.

[60] 王安建，侯增谦，李晓波，等. 成矿理论与勘查技术方法现状与发展趋势[J]. 中国地质，2000，27(1)：30-33.

[61] 王瑞廷，毛景文，王东生，等. 金属矿床地球化学的研究前沿[J]. 矿业研究与开发，2003，23(S1)：63-65.

[62] 王明志，李闯华，鄢云飞，等. 若干成矿预测理论研究综述[J]. 资源环境与工程，2007，21(4)：363-369.

[63] 王莉娟，王京彬，王玉往，等. 蔡家营、大井多金属矿床成矿流体和成矿作用[J]. 中国科学(D辑)，2003(10)：941-950.

[64] 王长明，张寿庭，邓军，等. 内蒙古黄岗梁锡铁多金属矿床层状矽卡岩的喷流沉积成因[J]. 岩石矿物学杂志，2007，26(5)：409-417.

[65] 王中刚，于学元，赵振华，等. 稀土元素地球化学[M]. 北京：科学出版社，1989.

[66] 息朝庄，杜高峰，戴塔根，等. 河北武安玉石洼铁矿成矿流体特征及其地质意义[J]. 矿物学报，2013，33(4)：686-690.

[67] 夏浩东，杜高峰，戴塔根，等. 河北武安玉泉岭铁矿床流体包裹体地球化学特征[J]. 地质与勘探，2013，49(5)：855-860.

[68] 徐九华，谢玉玲，杨竹森，等. 安徽铜陵矿集区海底喷流沉积体系的流体包裹体微量元素对比[J]. 矿床地质，2004，23(3)：344-352.

[69] 许文良，高燕. 邯邢地区燕山期侵入岩系的稀土元素特征[J]. 岩石学报，1990，6(2)：43-50.

[70] 许文良,林景仟.河北邯邢地区角闪闪长岩中地幔纯橄岩包体的发现与研究[J].地质学报,1991,65(1):33-41.

[71] 徐兆文,黄顺生,倪培,等.铜陵冬瓜山铜矿成矿流体特征和演化[J].地质论评,2005,51(1):36-41.

[72] 杨中宝,彭省临,李朝艳.信息科学与矿产预测[J].地球科学与环境学报,2005,27(2):40-42,59.

[73] 姚鹏,李金高,顾雪祥,等.从 REE 和硅同位素特征探讨西藏甲马矿床层状矽卡岩成因[J].岩石矿物学杂志,2006,25(4):305-313.

[74] 曾健年,范永香,谭铁龙.现代成矿预测若干理论述评[J].矿产与地质,1996,10(6):361-367.

[75] 章百明,马国玺,毕伏科,等.河北主要成矿区带与岩浆作用有关的矿床成矿系列及成矿模式[J].华北地质矿产杂志,1996(3):351-360.

[76] 张聚全,李胜荣,王吉中,等.冀南邯邢地区白涧和西石门矽卡岩型铁矿磁铁矿成因矿物学研究[J].地学前缘,2013,20(3):76-87.

[77] 张科.西藏勒青拉铅锌矿床稀土元素地球化学特征[J].地质与勘探,2006,42(6):26-31.

[78] 张贻侠.矿床模型导论[M].北京:地震出版社,1993.

[79] 赵劲松,邱学林,赵斌,等.大冶-武山矿化矽卡岩的稀土元素地球化学研究[J].地球化学,2007,36(4):400-412.

[80] 赵鹏大,池顺都.矿产勘查理论与方法[M].武汉:中国地质大学出版社,2019.

[81] 赵鹏大,王京贵,饶明辉,等.中国地质异常[J].地球科学,1995,20(2):117-127.

[82] 赵鹏大,孟宪国.地质异常与矿产预测[J].地球科学,1993,18(1):39-47,127.

[83] 赵鹏大,池顺都.初论地质异常[J].地球科学,1991,16(3):241-248.

[84] 赵鹏大,池顺都.当今矿产勘探问题的思考[J].地球科学,1998,23(1):70-74.

[85] 陈毓川.当代地质矿产资源勘查评价的理论与方法[M].北京:地震出版社,1999.

[86] 赵鹏大,陈永清.地质异常矿体定位的基本途径[J].地球科学,1998,23(2):111-114.

[87] 赵一鸣,林文蔚,毕承思,等.中国矽卡岩矿床[M].北京:地质出版社,1990.

[88] 翟裕生,熊永良.关于成矿系列的结构[J].地球科学,1987,12(4):375-380.

[89] 翟裕生,姚书振,等.成矿系列研究[M].武汉:中国地质大学出版社,1996.

[90] 郑建民,毛景文,陈懋弘,等.冀南邯郸-邢台地区矽卡岩铁矿的地质特征及成矿模式[J].地质通报,2007,26(2):150-154.

[91] 郑建民,谢桂青,刘珺,等.河北省南部邯郸-邢台地区西石门矽卡岩型铁矿床金云母⁴⁰Ar-³⁹Ar 定年及意义[J].岩石学报,2007,23(10):2513-2518.

[92] 郑建民,陈懋弘,徐林刚,等.邯邢地区矽卡岩型铁矿构造控矿特征及找矿勘探方向[J].

矿床地质, 2006, 25(S1): 115-118.

[93] 郑建民, 谢桂青, 陈懋弘, 等. 岩体侵位机制对矽卡岩型矿床的制约: 以邯邢地区矽卡岩型铁矿为例[J]. 矿床地质, 2007, 26(4): 481-486.

[94] 郑建民. 冀南邯邢地区矽卡岩铁矿成矿流体及成矿机制[D]. 北京: 中国地质大学(北京), 2007.

[95] 朱裕生. 矿产资源潜力评价在我国的发展[J]. 中国地质, 1999, 26(11): 31-33.

[96] 朱裕生, 梅燕雄. 成矿模式研究的几个问题[J]. 地球学报, 1995, 16(2): 182-189.

[97] 朱元龙, 吕士英. 河北省-混合岩化矽卡岩型铁矿床[J]. 地质论评, 1966, 12(3): 223-230.

致谢

　　本研究项目是在博士生导师戴塔根教授和博士后合作导师黄智龙研究员的共同指导下完成的，感谢两位老师在本书完成过程中提出的宝贵意见和建议。感谢项目组成员杜高峰博士、薛静博士、宫江华博士、刘尧博士等的鼎力支持。

　　感谢邯邢矿山管理局的各位领导和下属企业矿管领导及技术人员的大力支持；感谢中国科学院地球化学研究所周家喜博士及各位师兄弟们，是他们在研究所为我提供了各方面咨询，并帮助我完成了实验测试工作，谢谢大家！

　　感谢湖南城市学院领导和同仁对我的支持，在我工作期间提供了很多的帮助。

图版说明

图版 I

I -1：符山矿区，角砾岩，角砾为灰黑色灰岩。

I -2：符山矿区，角砾岩内含有大量致密磁铁矿角砾。

I -3：符山矿区，接触带内纯石榴石脉。

I -4：符山矿区，磁铁矿矿体内巨大的矽卡岩角砾。

I -5：符山矿区，热液角砾岩，角砾为大理岩，胶结物为磁铁矿。

I -6：玉石洼矿区，+150 m 水平张性断裂带。

I -7：玉石洼矿区，断层角砾岩内的灰岩角砾。

I -8：玉石洼矿区，断层角砾岩内的磁铁矿及矽卡岩角砾。

图版 II

II -1：五家子矿区采坑，采坑西部可见岩体内有巨型灰岩捕虏体发育。

II -2：五家子矿区，矿体上部闪长岩碎裂并伴有矽卡岩及碳酸盐化。

II -3：五家子矿区，闪长岩体内热液活动强烈。

II -4：五家子矿区，岩体内部矽卡岩胶结的角砾岩，角砾为闪长岩。

II -5：五家子矿区，磁体矿体呈脉状侵入岩体与矽卡岩之间。

II -6：五家子矿区，磁体矿脉侵入围岩，见烘烤边。

II -7：五家子矿区，由磁铁矿胶结的矽卡岩角砾岩。

II -8：五家子矿区，致密块状磁铁矿与矽卡岩的接触关系。

图版 III

III -1：符山矿区内，闪长岩内包体发育。

III -2：符山矿区内，闪长岩岩芯内可见少量包体发育。

III -3：符山矿区内，闪长质包体。

Ⅲ-4：矿山岩体外围，闪长玢岩内包体发育。

Ⅲ-5：玉泉岭矿区外围，闪长玢岩岩芯内见小体积暗色包体发育。

Ⅲ-6：五家子矿区，矽卡岩内包裹的灰岩包体，可见明显烘烤边。

Ⅲ-7：五家子矿区外围，强风化闪长岩内未同化的灰岩捕虏体。

Ⅲ-8：五家子矿区外围，闪长岩内的石英砂岩角砾。

图版Ⅳ

Ⅳ-1：薄片，角闪闪长岩呈似斑状结构。

Ⅳ-2：薄片，角闪石(Hbl)与斜长石(Pl)共生，斜长石(Pl)发生不同程度的蚀变。

Ⅳ-3：薄片，角闪石(Hbl)横切面呈现近菱形的六边形，且简单双晶缝平行于解理长对角线。

Ⅳ-4：薄片，石英闪长岩内中长石具环带状构造，且发生绢云母化。

Ⅳ-5：薄片，蠕虫状石英(Qtz)穿插生长于正长石(Or)中，形成蠕虫结构。

Ⅳ-6：薄片，斜长石(Pl)具环带状构造，且沿环带方向发生绢云母化。

Ⅳ-7：薄片，斜长石(Pl)斑晶表面发生碳酸盐化(Cb)。

Ⅳ-8：薄片，斜长石(Pl)斑晶具聚片双晶。

图版Ⅴ

Ⅴ-1：光片，磁铁矿(Mt)呈不规则粒状集合体分布于矿石中。

Ⅴ-2：光片，铜蓝(Cv)呈他形粒状集合体包裹交代黄铜矿(Cp)。

Ⅴ-3：光片，磁铁矿(Mt)被脉石矿物交代。

Ⅴ-4：光片，半自形磁铁矿(Mt)分布于矿石中。

Ⅴ-5：光片，磁铁矿(Mt)被脉石矿物、赤铁矿(Hm)沿环带方向交代。

Ⅴ-6：光片，自形晶的磁铁矿(Mt)被赤铁矿(Hm)交代。

Ⅴ-7：光片，黄铁矿(Py)呈脉状集合体穿插于磁铁矿(Mt)中。

Ⅴ-8：光片，黄铁矿(Py)中包含细粒磁铁矿(Mt)。

Ⅴ-9：光片，黄铁矿(Py)穿插于脉石矿物裂隙中。

Ⅴ-10：光片，不规则状黄铁矿(Py)沿脉石矿物裂隙充填。

Ⅴ-11：光片，黄铜矿(Cp)穿插于磁铁矿(Mt)裂隙中。

Ⅴ-12：光片，赤铁矿(Hm)沿磁铁矿(Mt)粒间、粒内裂隙交代。

Ⅴ-13：光片，自形黄铁矿(Py)交代磁铁矿(Mt)。

Ⅴ-14：光片，磁铁矿(Mt)中包含不规则状黄铁矿(Py)。

V-15：光片，磁铁矿（Mt）与脉石矿物共生。

V-16：光片，磁铁矿（Mt）呈浑圆状分布于矿石中。

V-17：光片，磁铁矿（Mt）被赤铁矿（Hm）交代。

V-18：光片，脉石矿物穿插于磁铁矿（Mt）粒间。

V-19：光片，黄铁矿（Py）与磁铁矿（Mt）共生。

V-20：光片，黄铜矿（Cp）呈细小包裹体分布于黄铁矿（Py）中。

图版 I

图版 II

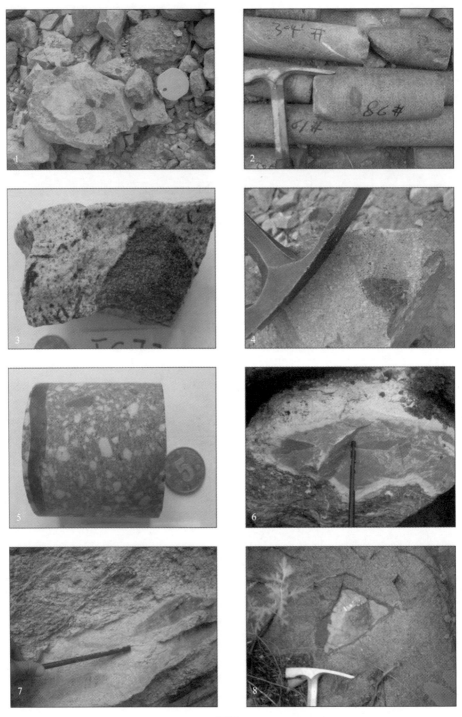

图版III

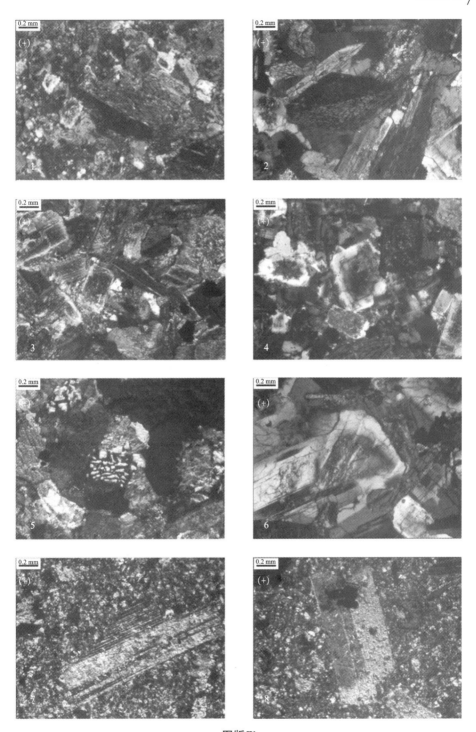

图版Ⅳ

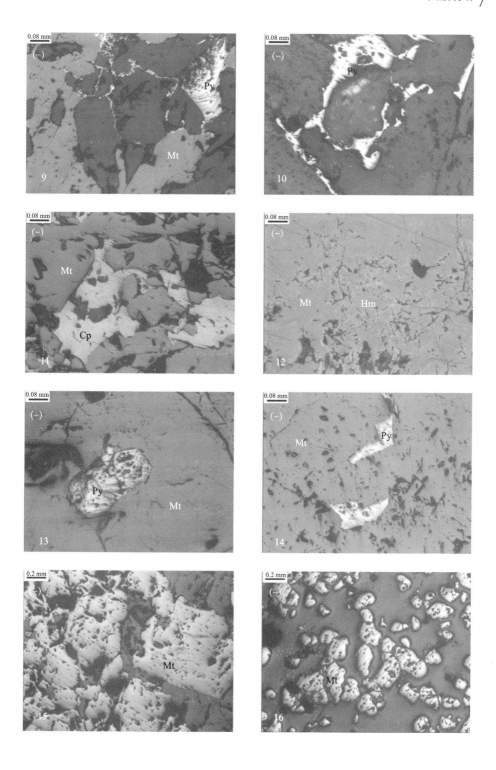

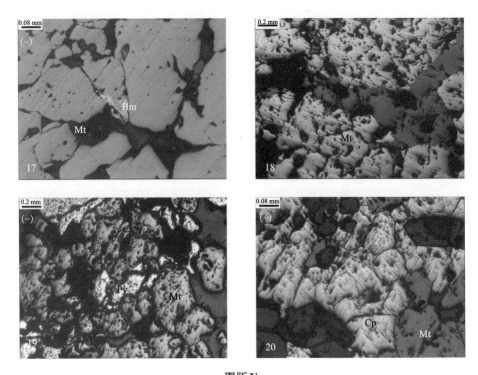

图版 V